Beckoning the Wind,
Summoning the Rain.
Stories of Mushroom

一缕菌丝
搅动 6 000 年人类文明史

从餐桌、工厂、实验室、战场到农田
那些人类迷恋、依赖或惧怕的真菌
与它们的秘密生活

真菌 改变

人类文明史

STORIES
OF
MUSHROOM

顾晓哲 著
林哲纬 绘
图力古尔 审订

SPM 南方出版传媒
广东科技出版社 | 全国优秀出版社
·广州·

图书在版编目（CIP）数据

真菌改变人类文明史 / 顾晓哲著；林哲纬绘 . — 广

州：广东科技出版社，2020.12

　ISBN 978-7-5359-7581-2

　Ⅰ . ①真… 　Ⅱ . ①顾… ②林… 　Ⅲ . ①真菌 – 普及读

物 　Ⅳ . ① Q949.32-49

　中国版本图书馆 CIP 数据核字 (2020) 第 203496 号

【原書名：菇的呼風喚雨史 　作者：顧曉哲 　繪者：林哲緯
本書由積木出版事業部 (城邦文化事業 (股) 公司) 正式授權】
广东省版权局著作权合同登记 　图字：19-2020-106 号

真菌改变人类文明史

Zhenjun Gaibian Renlei Wenmingshi

出 版 人：朱文清

责任编辑：严　旻

监 　 　制：黄　利　万　夏

特约编辑：路思维　李　莉

营销支持：曹莉丽

版权支持：王秀荣

装帧设计：紫图装帧

责任校对：刘　辉

责任印制：吴华莲

出版发行：广东科技出版社

　　　　　（广州市环市东路水荫路 11 号 　邮政编码：510075）

销售热线：020–37592148 / 37607413

http ：//www.gdstp.com.cn

E–mail ：gdkjcbszhb@nfcb.com.cn

经 　 　销：广东新华发行集团股份有限公司

印 　 　刷：艺堂印刷（天津）有限公司

规 　 　格：710 mm×1 000 mm 　1/16 　印张 14.5 　字数 100 千

版 　 　次：2020 年 12 月第 1 版

　　　　　2020 年 12 月第 1 次印刷

定 　 　价：79.90 元

如发现因印装质量问题影响阅读，请与广东科技出版社印制室联系调换（电话：020-37607272）。

史前真菌

现在，蘑菇已经是非常常见的食材，不过真菌的考古信息非常贫乏，原因是它们没有较硬的结构，而且很容易腐烂，因此很难产生化石，在考古遗址中也就很少被发现。即使在考古遗址中发现与真菌有关的证据，也多是在文献和壁画中，或是在生活器具上发现的真菌图案。

最古老的陆生生物

剑桥大学的科学家，在英国的内赫布里底群岛（inner Hebridean island）及瑞典的哥得兰岛（Gotland island）上，发现了一种比人类头发丝还细的神秘化石。科学家推断，在这一化石存在的年代，几乎所有生物都还在大海里，即使陆地上存在生物，构造也不会比苔藓来得更复杂，而且在那时，就连地衣都还没有经过演化出现在陆地上。这是马丁·史密斯（Martin Smith）博士在 2016 年发表的论文中谈到的，是迄今发现的最古老的陆生生物的证据。

由史密斯博士发现的化石，之后被确认为一种真菌，被命名为"古怪管状真菌"（tortotubus）。这个研究也说明了，真菌可能是地球上第一个从海里登上陆地的复杂有机体。这种微小的"古怪管状真菌"出现在距今约4.4亿年，是迄今为止发现的最古老的陆生生物化石。这也进一步说明，真菌的率先登陆为后来的生物提供了富饶的土壤，让其他植物得以上岸生长，并以此吸引动物从海中迁移到陆地。

最大的生物

4.2亿年前到3.5亿年前，陆生植物从海洋登上陆地不久，最高的陆地植物还不到1米。那时候，却有一种生物可以长到8米高，1米宽。这种1843年由加拿大科学家发现、出土于阿拉伯的生物化石，最初被认为是古老的大树化石。因此，它被命名为"原杉藻属"（*Prototaxites*）。即使我们现在已经知道它不是树，但依照命名法则，这个名称还是要必须使用，不能更改。后来经过漫长的争论，有一派科学家认为这个"巨无霸"是真菌，另一派则认为它是早期的蕨类。虽然2007年经过同位素的测定，几乎已经可以确定它是真菌，但至今依然没有得出令所有人满意的结论。不过，认为这高塔般的生物是真菌的人也别太着急，如果以"同一个细胞分裂而来且一直连在一起"作为单一生物的定义，那地球上最大的生物，正是真菌——在美国俄勒冈州东部的森林中，有一株奥氏蜜环菌（*Armillaria ostoyae*），占地965公顷，估计至少有2 400岁。之所以能发现这株奥氏蜜环菌，是因为从航拍图中发现一片枯死的森林与其他翠绿的森林形成鲜明对比，且呈圆形，就像培养基上的真菌菌落一样。人们经过进一步调查，才发现这个现象是由同一株真菌造成的。这"一株"真菌，大约是中国台北大安森林公园的 37 倍大[1]。如果以"同一个细胞分裂而来且一直连在一起"作为单一生物的定义，那地球上"最大的生物"就是这株真菌。

从旧石器时代开始吃

伞菌（agaricomycetes）[2]是很常见且形态各异的真菌。大多数伞菌的子实体（fruiting body）存在的时间都很短，又容易腐烂，所以化石证据极为罕见。2017 年，中国的研究团队分析了一块同时困住甲虫与伞菌的缅甸琥珀，结果发现其中的伞菌有 1.24 亿年的历史，是目前发现的最古老的伞菌。更有趣的是，这些在白垩纪早期（early cretaceous）出现的甲虫，其口器已经演化出专门食用这些真菌的形态了。

至于人类最早把蘑菇当成食物的科学证据，则是在 2015 年，一个以德国科学家为首的国际研究团队找到的。这一年，德国莱比锡演化人类学者罗伯特·鲍尔（Robert Power）带领他的国际研究团队，在西班牙坎塔布里亚（Cantabria）的尔米龙洞穴（El Mirón Cave）中，利用同位素，发现在马格德林文化（Magdalenian）[3]遗址出土的人类的牙结石中就有植物和蘑菇。这表明在旧石器时代晚期，人类已经开始食用多种植物性食物和蘑菇，且主要可能是牛肝菌一类的菇类。这项发现将人类食菇的历史向前推到了旧石器时代。

---

1 约是鸟巢（国家体育场）的 45 倍。
2 伞菌一般指具有菌盖和菌柄的肉质菌类。
3 欧洲旧石器时代晚期文化。

从铜器时代开始使用

最先使用蘑菇的考古例子，则是在意大利阿尔卑斯山上发现的"冰人奥兹"（Ötzi）。冰人奥兹约生存于公元前3300年的铜器时代。经研究发现，奥兹的随身用品里有两种担子菌（属多孔菌科的多年生真菌），由于它们并不好吃，人们便推测奥兹应该是利用这些真菌作为驱虫剂，抑或是将其作为火种来生火。这也显示了那时的人类已经知道真菌的使用价值了。

以上主要是考古发现，接下来我们就要进入更精彩且有记载的真菌历史。有了史料的佐证，我们终于可以在分门别类的基础上，更完整地了解真菌是如何改变人类文明史的了。

目录

Part 5 生态"黑客"

Part 1

各路 "英雄"

Penicillium chrysogenum　产黄青霉

Tolypocladium inflatum　多孔木霉

Trichoderma reesei　里氏霉菌

Beauveria bassiana　球孢白僵菌

Trichoderma virens　绿色木霉

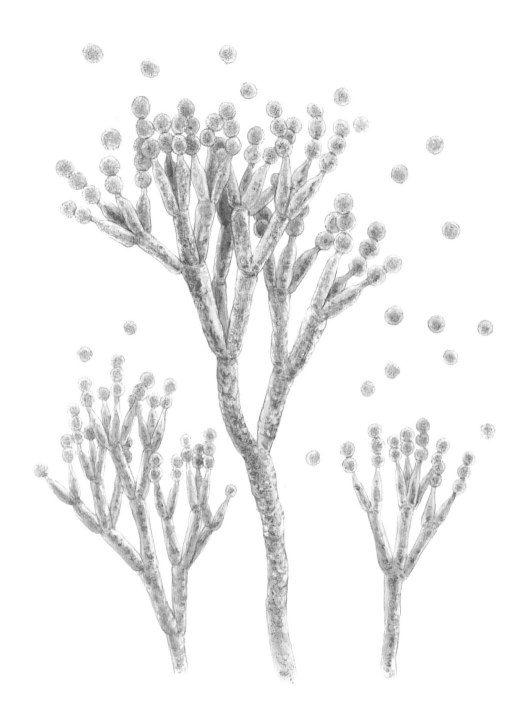

产黄青霉
Penicillium chrysogenum

"二战"英雄

产黄青霉

Penicillium chrysogenum

产黄青霉可以说是大大改变了人类疾病的历史，堪称近代最重要的真菌。如今应该没有人不认识抗生素"盘尼西林"（Penicillin），也就是"青霉素"。青霉素能有效抑制革兰氏阳性菌（Gram-positive bacterium），如葡萄球菌及肺炎链球菌。英国微生物学家亚历山大·弗莱明（Alexander Fleming）1929 年就发现了青霉素，然而直到 1940 年，青霉素才终于被纯化并运用于医药。在青霉素大量生产之前，每年都有许多人死于伤口感染。

发现青霉素

弗莱明在伦敦大学圣玛丽医院研究金黄色葡萄球菌期间，有一次，他把这种危险的细菌涂抹在培养皿上就去度假了。回来后，一些培养皿被某种霉菌污染了，正当弗莱明为此懊恼时，忽然注意到培养皿里有种毛茸茸、绿色的霉菌菌落。用显微镜观察后，他发现菌落周围的细菌都已死亡，似乎是被那种霉菌菌落分泌的某些物质杀死的。弗莱明把这个真菌命名为"污点青霉"（也就是产黄青霉），不过后来经过证实，当初他发现

产黄青霉

◆ **原生地（发现地）：**
世界各地。

◆ **拉丁文名称原意：**
Penicillium，来自拉丁文 *pēnicil*（*lus*），是由 *pencil*（刷子）与 *-ium*（*suff*）词根所组成，意思是"一绺发"，是根据其孢子囊的形态就像人的一绺头发来命名的。

chrysogenum，由意为"黄金"的 *chrys*（*o*）和意为"产生"的 *-genum* 所组成，直译为"制造黄金"，现在引申为能够产生黄色（或金色）的色素。

◆ **危害或应用：**
医疗药用。

的菌株应该是红青霉才对。青霉素的发现，开启了微生物抗生素的新时代。让青霉菌在含有糖类、氮与其他营养物质的培养液中生长，它在将糖类等养分用罄后，就会开始分泌出可抑制细菌细胞壁合成的青霉素。

1928 年，弗莱明将首度发现的抗菌物质命名为青霉素，并在 1929 年发表学术论文，但是当时并没有受到重视。后来，英国著名病理学家霍华德·沃尔特·弗洛里（Howard Walter Florey）与德国生物化学家恩斯利·伯利期·钱恩（Ernst Boris Chain）进一步研究了青霉素的药理作用。青霉素一开始都是少量生产，直至 1940 年，青霉素的产量才达到工业化规模，并且在第二次世界大战期间用于治疗受伤的士兵，这才名声大噪。到了 1945 年，弗莱明、弗洛里与钱恩因为对青霉菌的研究做出了巨大贡献，而共同获得诺贝尔医学奖。

哈密瓜立功

尽管青霉素可以成功抑制一些致命细菌的生长，让伤病患者免受细菌感染之苦，但是由于青霉素的生产效率与产量实在太低，不足以应付第二次世界大战的大量需求，因此，人们希望可以找出更有效率的生产青霉素的方法，所以寻找新菌株就变成了当时的全民运动。在美国，几乎家家户户只要在家里看到发霉的东西，就会将它们送到实验室去鉴定，空军也从世界各地带来不同的土壤样本，希望能够筛选出有用的菌株。就在这时，产黄青霉在伊利诺伊州皮奥里亚（Peoria）的一家杂货店被发现了。在这家杂货店的哈密瓜上生长的一株由产黄青霉产出的青霉素，竟然比弗莱明最初发现的那一株还要多上百倍。之后，科学家利用继代培养[1]，然后照射X光与紫外线，来造成该菌株的突变，再试图从突变株里找到青霉素产量更高的菌株。实验非常成功，科学家们发现了一株产黄青霉，竟然比弗莱明发现的菌株能多产生上千倍的超级产黄青霉，这大大提高了青霉素的生产效率与产量。再加上发酵槽曝气改良，以及英国也开始生产青霉素，总算足够应付战场上的需要，不仅能供应给美军，也能提供给盟军英军使用。

在第一次世界大战期间，受伤士兵的痊愈率只有25%；到了第二次世界大战，因为青霉素的大量使用，受伤士兵的痊愈率达到了95%。当时，是真菌研究的辉煌时代，寻找更有效的菌株与大量研究开发真菌的生产方法，排在了美国科学研究经费的第二名，仅次于太空科学的花费。

如果没有发现产黄青霉，或许第二次世界大战的结果将会不同；若是轴心国胜利，这个世界将会完全改变。只能说，幸好有产黄青霉。

1　继代培养是指对来自外植体增殖的培养物（包括细胞、组织或其切段）通过更换新鲜培养基及不断切割或分离，进行连续多代的培养。

多孔木霉
Totypocladium inflatum

器官移植技术大跃进

多孔木霉
Tolypocladium inflatum

由多孔木霉产生的环孢霉素 A（诺华制药集团生产），在 20 世纪 70 年代为免疫药理学翻开了新篇章。若不是它，器官移植医学可能无法有现在的发展。环孢霉素 A 的发现开启了选择性抑制淋巴细胞的时代，它使移植的临床、技术和免疫生物学方面的专业知识得以付诸实践，以此改变了移植医学的面貌。虽然环孢霉素 A 没有办法解决所有的器官移植问题，如慢性排斥反应，但它至少能让患者在术后存活下来，并大大提升了器官移植的成功率。

命运多舛

多孔木霉的命名可谓一波三折。由于显微形态的相似性，最早科学家认为该菌属于会产生环孢霉素（cyclosporine）的木霉菌属真菌，因此将其命名为"多孔木霉"。最后才由加姆斯（Gams）确认为一个新属，并将其更名为膨大弯颈霉，这个名称来自其外部形态。

1983 年，约翰·比塞特（John Bissett）发现，当初以为的膨大弯颈霉，其实就是后来发现的钩状木霉菌（*Pachybasium niveum*），但是依据国际植物命名法的规

多孔木霉

◆ 原生地（发现地）：
最早发现于挪威的土壤中。

◆ 拉丁文名称原意：
Tolype 是松毛虫属，属于枯叶蛾科，是多孔木霉主要的宿主（不确定）。
clad- 的意思是"分支"，是由希腊文 klados 演变而来。
inflatum 的意思是"膨胀"。

◆ 危害或应用：
医疗药用。

定，较早出现的名称拥有优先权，后来者不得取代，所以只好将膨大弯颈霉与钩状木霉菌这两个名字，合并改为雪白弯颈霉（*Tolypocladium niveum*）。

虽然这株真菌最后被命名为雪白弯颈霉，但是因为它在医药工业上实在太重要，再加上其产生的巨大经济价值，所以最后还是将能产生环孢霉素 A 的真菌统一称作"膨大弯颈霉"。1996 年，凯蒂·霍琪（Kathie Hodge）和她的同事研究确认，膨大弯颈霉的有性世代其实就是短柄鹿虫草（*Elaphocordyceps subsessilis*）。所以，多孔木霉、膨大弯颈霉、钩状木霉菌、雪白弯颈霉及短柄鹿虫草，其实都是指同一株很有医药价值的真菌。

1957 年，瑞士药厂山德士（Sandoz）启动了寻找新抗生素的研究计划，公司发给准备去度假或是开会的员工一些塑料袋，让他们可以在出国的时候带回土壤样本，好筛选出适合的微生物来生产抗生素。1970 年 3 月，微生物研究部门从两个分别来自美国威斯康星州（Wisconsin）和挪威哈当厄尔高原（Hardangervidda）的样本中，筛选出多孔木霉，分离出其代谢物后，发现 2 种具抗真菌活性的二次代谢物，分别将其命名为环孢霉素 A 和环孢霉素 C。然而研究结果显示，环孢霉素 A 和环孢霉素 C 的可应用范围很窄，而且没有抗菌活性，抗真菌活性也只能针对少数几种酵母菌，甚至连酵母菌都杀不死，最多让它们生长变慢。这令人沮丧的结果，使研究人员对多孔木霉不再感兴趣，研究计划也因此停止。

复活密码 24-556

20 世纪 70 年代，山德士公司药理学研究部门主任萨梅利（K. Saameli）提出了"一般搜寻计划"，意将 50 种化合物分配给药理学研究部门的各个单位，并进行药物性质测试，预计每年将提交 1 000 种样本。一年后，化学研究部门的鲁格（A. Rüegger）将环孢霉素提交到计划中，样本编号为 24-556。计划结束后，24-556 是唯一测试呈阳性反应的样本，且具有免疫抑制活性，没有非特异性抑制细胞生长的作用。1978 年，样本 24-556，也就是环孢霉素开始进行人体实验。经过进一步的实验发现，只要将环孢霉素与类固醇组合，就能降低排斥反应与肾毒性。1991 年，环孢霉素终于经美国食品和药物管理局核准，在预防器官移植病人的排斥反应上得以使用。

环孢霉素公认的发现者和开拓者是让·弗朗索瓦·博莱尔（Jean Francois Borel）。博莱尔于 1970 年在山德士工作，取代拉扎雷（S. Lazaray）成为免疫学部门主任，他的部门发现了环孢霉素的免疫抑制活性，也对之后的发展与推广十分用心。然而负责药理学研究

功亏一篑的卵圆菌素
◆

早在 1962 年，山德士公司就发现了一种来自真菌，且对骨髓没有毒性的非类固醇类免疫抑制剂，后来经纯化确认，这种抑制剂来自卵圆假散囊菌（*Pseudeurotium ovalis*），于是将其命名为"卵圆菌素"（ovalacin）。卵圆菌素有很强的免疫抑制效果，但不影响小肠上皮细胞或原始粒细胞增殖。只可惜，由于卵圆菌素对人体其他部位的毒性太大，所以并没有通过临床测试。不过，为了研究卵圆菌素而制造的研究设备，后来成为发现环孢霉素功能的一大助力。

的哈特曼·斯塔埃林（Hartmann Stähelin）却坚称，动物实验是在他的实验室完成的，博莱尔并没有参与整个发现过程，甚至一度因为实验达不到理想的效果，曾有意放弃整个计划。

当一个划时代的重大成果出现，想分一杯羹乃是人之常情，当权者甚至会想把全部的功劳都归于自己。不过，那些努力付出的人不应该被淡忘。如果萨梅利没有提出"一般搜寻计划"；如果拉扎雷没有先一步将免疫测试方法开发好；如果鲁格没有将当初被认为一无是处的环孢霉素再提交到"一般搜寻计划"中，那么这个大发现就永远不会发生，博莱尔跟斯塔埃林也就没什么好争的了。

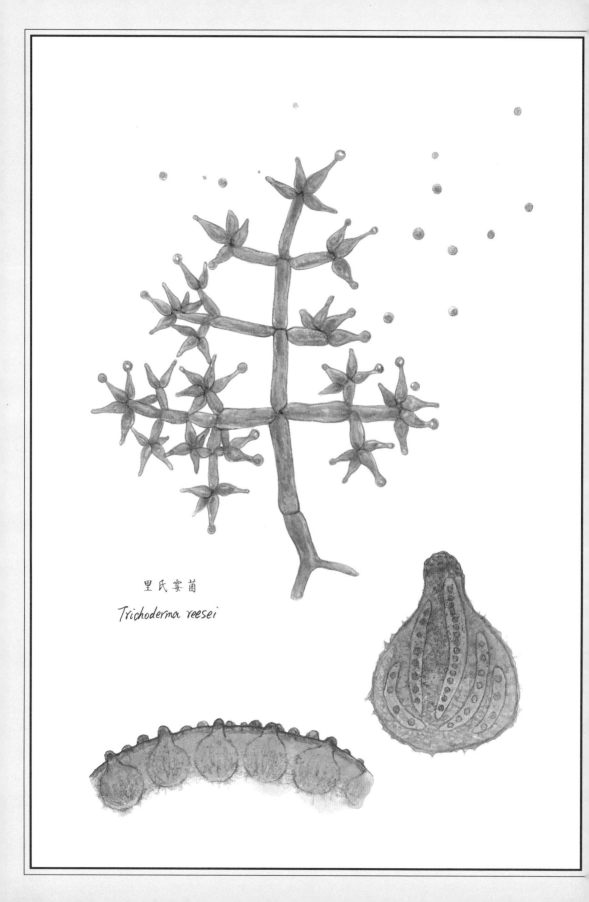

里氏霉菌

Trichoderma reesei

石磨水洗牛仔裤

里氏霉菌

Trichoderma reesei

里氏霉菌是现在工业化生产纤维素酶（cellulase）[1] 和半纤维素酶（hemicellulase）[2] 的主要来源，它能将秸秆转化为葡萄糖，用剩下的木质素生产生物燃料。许多人喜爱的石磨牛仔裤仿旧效果，大多也是由里氏霉菌产生的纤维分解酶素达成的，该分解酶素同时也有软化衣物的作用。

不是生物武器

对于木霉菌属真菌的首次描述可以追溯到 1794 年，直到 1865 年，才发现这是肉座菌科（*Hypocreales*）的有性世代，后来把木霉菌属的真菌之一，也就是 QM6a 里氏霉菌确认为一个独立种，其种加词是为了纪念多年来主要的研究者里斯彭。QM6a 就是现在所有商业用途的里氏霉菌的共同源头。木霉菌可以用于生物农药和植物生长促进剂，里氏霉菌常用于消解木材，这一点几

里氏霉菌

◆ 原生地（发现地）：
南太平洋所罗门群岛。

◆ 拉丁文名称原意：
Tricho 的希腊文是 trik-ho-，意思是"毛发"，从 thrix 和 trikh- 中来。
希腊文的 *de-* 是印欧语系的词首，意思是"皮肤"。
reesei 是人名，是为了纪念埃尔温·T. 里斯彭（Elwyn T. Reese）。

◆ 危害或应用：
可以将秸秆转化为葡萄糖。

---

1 纤维素酶是酶的一种，在分解纤维素时起到了生物催化的作用，是可以将纤维素分解成寡糖或单糖的蛋白质。
2 半纤维素酶是一种能使构成真菌细胞膜的多糖类（纤维素和果胶物质除外）水解的酶类。

乎在所有的土壤中都可以发现，而且会分泌大量纤维素酶。

第二次世界大战期间，美国军队发现了里氏霉菌。当时士兵的制服和帆布帐篷都被里氏霉菌分泌的纤维素酶分解得千疮百孔，美军以为受到了某种生物的攻击，称之为"丛林腐朽"（jungle rot）。

后来，一家加拿大公司成功探究出这种微生物，并利用它将秸秆转化为葡萄糖。该公司也将木霉菌进行转基因改造，让它能够产生更大量的纤维素酶，最后达到了75%的惊人转化率。剩下的木质素（lignin），可以干燥并压制成可燃块。接着，产生出来的葡萄糖再用酵母菌发酵生产生物燃料——乙醇。这种以微生物为生产基础的燃料，很可能是以无害环境的方式为汽车提供动力的关键，期待它有一天可以取代石化燃料。

不孕菌种

◆

人们最初认为，里氏霉菌是不孕菌种，直到2009年，才发现QM6a里氏霉菌是雌不孕菌种，如果遇到其他交配型菌种，就会扮演雄孢子的角色，从而产生子实体与后代。这个发现大大激励了工业界，因为有性生殖就等同于有了改良菌种的可能性。

牛仔裤起源

1850 年，牛仔裤出现在美国西部，最初是为淘金工人发明的服装。1840 年末，美国加利福尼亚州正盛行"淘金热"，这时一位名叫李维·斯特劳斯（Levi Strauss）的布商来到旧金山，发现淘金工人穿的衣服都是普通棉制品，较易磨破。于是，斯特劳斯把原来制作帐篷用的咖啡色帆布改制成一批裤子，裁出低腰、直裤腿及窄臀围的裤型，大受淘金工人的欢迎。这种帆布裤精干利落，博得了牛仔们的喜爱，很快就流行起来，从此便成为牛仔们的标准装束。斯特劳斯于 1871 年申请专利，成立了闻名于世的"李维斯"（Levi's）公司。之后雅各布·戴维斯（Jacob Davis）与李维·斯特劳斯公司（Levi Strauss & Co）于 1871 年合作开发了"蓝色牛仔裤"（blue jeans），并于 1873 年 5 月 20 日由雅各布·戴维斯与李维·斯特劳斯共同获得专利。

越旧越美丽

为了得到牛仔裤特殊的褪色旧化效果，也就是所谓的"石磨水洗牛仔裤"，以往人们通常是把牛仔裤放进旋转鼓里面，以浮石[1]洗涤或者用化学药剂来处理。生产牛仔裤的公司为了获得浮石，不仅要从意大利、希腊和土耳其等其他国家进口，还在美国的加利福尼亚州、

1　浮石又称轻石或浮岩，容重小，是一种多孔、轻质的玻璃质酸性火山喷出岩，其成分相当于流纹岩。浮石可广泛应用于建筑、园林、纺织、制衣等行业。

亚利桑那州和新墨西哥州大量开采，由此引起了美国生态学家的警告，不得已，这些公司只好转而采用化学药剂来处理牛仔裤。然而，处理牛仔裤上的化学污染残余物是非常令人头痛的问题。最后，人们终于找出"纤维素酶"这个正确答案。

石磨水洗牛仔裤在20世纪70年代成了时尚潮流。到了2000年，石磨水洗牛仔裤有了更多的破洞款式，有故意造成的破洞、边缘磨损和大片的褪色效果等。克劳德·布兰奇与得克萨斯州的美国服装整理公司（American Garment Finishers）对纤维素酶进行了利用与推广。纤维素酶主要是由真菌、细菌和原生动物产生的，可以催化纤维素的水解。当时，人们已将纤维素酶运用于纸浆、食品加工工业和生物发酵，以产生生物燃料。1991年，丹麦的诺和诺德公司（Novo Nordisk）对美国服装整理公司使用的纤维素酶申请了专利。

从某种程度上来说，使用里氏霉菌后，人们不再大量开采浮石，让山林得以休憩；在大幅度减少使用化学药剂后，让河川得以喘息。而这一切，人类才是最大的受益者。

牛仔裤发展史

◆

1873 年	│	世界上第一条牛仔裤"李维斯"501 款诞生
1925 年	│	世界上第一条"拉链牛仔裤"由英国的 Lee 公司推出
20 世纪 30 年代	│	牛仔裤开始流行
40 年代	│	牛仔裤参加了第二次世界大战
50 年代	│	Lee Cooper 公司将女装牛仔裤拉链从侧面改至中间
60 年代	│	牛仔裤参加了反战运动
60 年代末	│	阔脚裤与喇叭裤出现,披头士将它们穿上身
70 年代	│	牛仔裤变成了时尚代表,石磨水洗牛仔裤出现
70 年代末	│	牛仔裤传到中国台湾
80 年代	│	AB 牛仔裤重现,破损颓废风出现
80 年代末	│	牛仔裤艺术风出现
90 年代	│	复古风潮再现
21 世纪初	│	低腰剪裁开始流行
21 世纪 10 年代	│	破洞七分直筒牛仔裤出现

球孢白僵菌

Beauveria bassiana

生物农药的先驱

球孢白僵菌
Beauveria bassiana

球孢白僵菌是由意大利昆虫学家阿戈斯蒂诺·巴斯（Agostino Bassi）发现的，这也是第一个被报道的微生物导致动物疾病的研究。巴斯被称为"昆虫病理学之父"，他不仅奠定了微生物可用于防治虫害的基础，甚至对之后的路易·巴斯德（Louis Pasteur）、罗伯特·柯霍（Robert Koch）和其他微生物学先驱影响深远。球孢白僵菌生长在世界各地的土壤中，在某个生长周期会感染节肢动物（以昆虫为主），造成昆虫白僵病。于是球孢白僵菌被广泛应用在农业上，用来控制白蚁、粉虱或疟蚊的数量。由微生物制成的生物农药，相较于化学农药对环境的危害较小，对人体的伤害也极其轻微，并且能真正做到有效防虫。

天生的昆虫杀手

球孢白僵菌对于被感染的宿主没有习性上的偏好，这代表着无论是幼虫还是成虫，都会被它感染。球孢白僵菌是接触感染，不像其他真菌病害，需要吃下去才能致病。它产生的分生孢子（无性孢子）能够直接穿过昆虫外皮，进到昆虫体内后就开始快速生长。孢子会分泌能溶解角质层的酶，也会产生"白僵菌素"，这是一种

球孢白僵菌

◆ **原生地（发现地）：**
世界各地。

◆ **拉丁文名称原意：**
Beauveria 来自新拉丁文，是为了纪念法国植物与真菌学家吉恩·布福立（Jean Beauverie），并以新拉丁文词根 *-ia* 作为结尾。*bassiana*，纪念发现者巴斯（Agostino Bassi）。

◆ **危害或应用：**
农业病害防治。

会削弱宿主免疫系统的毒素。在入侵后，球孢白僵菌就会大量生长，并食用宿主的器官，消化宿主的体液，3～7天就能导致宿主死亡。

在宿主死亡后，吃干抹净的球孢白僵菌就会长出宿主体外，使整个虫体呈现"发白毛"的现象，这些"白毛"都是白色至淡黄色絮状的霉层。此时分生孢子会被释放到环境中，寻找下一个宿主，也就完成了无性世代的生命周期。

球孢白僵菌的寄生宿主种类非常广泛，已记录的可被寄生的昆虫宿主就有昆虫纲的五目二十四科，约有190种昆虫的幼虫，例如白蚁、红火蚁、粉虱、蚜虫和各种甲虫。球孢白僵菌也因此被研究及应用在疟疾的控制上。后来，人们依靠感染疟蚊来达到防治的效果。做法是将球孢白僵菌孢子撒在蚊帐上，当疟蚊接触到蚊帐上的孢子，就会被感染。

球孢白僵菌属的真菌产生的二次代谢物（僵菌黄色素、白僵蝗毒素、白僵素、球孢交质、胆固醇酰基酶抑制剂、软白僵菌素及卵孢菌素等），可以当杀虫剂使用。这些二次代谢物需要凭借特定菌种，并经由特定的液体培养来发酵产生。人们通过球孢白僵菌属的真菌来消灭害虫，导致昆虫产生的"流行病"与病原真菌在自然界引起的流行病类似，因此大部分不会进到食物链中，也不会累积在环境中。相对的，在农业生产过程中使用化学农药和抗生素，已被许多研究证明会对环境及食物链造成不良影响。这些研究结果都说明，对人类而言，用白僵菌属的真菌作为生物农药，比其他任何杀虫手段都来得安全。

白僵菌属的真菌除了能对抗害虫外，对植物真菌性病害[1]也有抑制作用。研究显示，白僵菌属的真菌对许多由叶面开始入侵植株的真菌有着显著的抑制作用，例如造成香蕉黄叶病的尖孢镰刀菌（*Fusarium oxysporum*），以及造成葡萄灰霉病的灰霉菌等。

药用价值

若球孢白僵菌寄生于家蚕，僵死的蚕干燥后就是著名的中药"白僵蚕"。《神农本草经》中记载，其味辛、咸，性平。功能是祛风定惊、化痰散结。主治惊风喉痹、小儿惊痫等病症。又因其色白，可治黑斑，具有美白皮肤的功效。

---

1 是一种真菌疾病。植物被真菌侵染部位，在潮湿的条件下会产生菌丝和孢子，形态是白色棉絮状物、丝状物，以及不同颜色的粉状物、雾状物或颗粒状物，会导致植物萎蔫、腐烂，甚至是坏死。

分类学

◆

　　近代分类学诞生于 18 世纪，其奠基人是瑞典博物学家卡尔·冯·林奈（Carl Von Linné），他被称为"分类学之父"。林奈为分类学解决了两个关键问题：第一是建立了双名制，即每一物种都给予一个学名，由两个拉丁文的名词组成，分别代表属名和种名；第二是确立了阶元系统，把自然界分为植物、动物和矿物三界，在动植物界下，又设有种、属、目、纲 4 个级别，从而确立了分类系统。现在最为人熟知的是五界分类系统，分别是依靠其他生命体作为食粮的动物界，能进行光合作用的植物界，没有核膜结构的原核生物界，包括原生生物界的真核生物，以及腐生异营的真菌界。以阶元系统来分类，则包括 7 个主要级别：种、属、科、目、纲、门、界。

以球孢白僵菌为例：

种（species）	球孢白僵菌（*beauveria bassiana*）
属（genus）	白僵菌属（*Beauveria*）
科（family）	虫草科（Cordy cipitaceae）
目（order）	肉座菌目（Hypocreales）
纲（class）	粪壳菌纲（Sordariomycetes）
门（division）	子囊菌门（Ascomycota）
界（kingdom）	真菌界（Fungi）

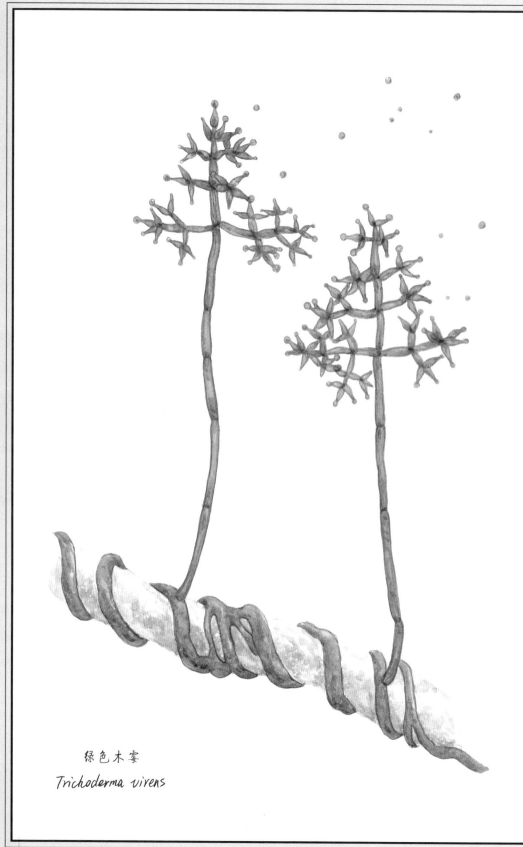

绿色木霉
Trichoderma virens

农夫小帮手

绿色木霉
Trichoderma virens

　　木霉菌是环境中常见的霉菌，在土壤，腐烂的木头，飘散在空中的孢子，湖里或海里的底泥与浮木，植株的根、茎及叶，甚至是多年生多孔菌科真菌的子实体上，都有它的踪迹。由于木霉菌生长迅速，又能分泌出多种酵素，来分解纤维素与木质素等物质，因而它的应用范围非常广泛。木霉菌的菌落长相相似，要从外观将其分类并不容易，现在分子生物技术应用广泛，多用 DNA 做鉴定。

绿色战神

　　绿色木霉可用来当作植物病害防治剂，应用于农业。一般是在土壤中加入绿色木霉，生长快速的绿色木霉很快就能成为优势菌种，与病害真菌竞争资源与空间，产生"拮抗作用"。

　　拮抗机制是指通过产生抗生素对抗其他真菌——竞争同一个环境中的有限营养成分，并微寄生于其他真菌，通过将其他真菌菌丝"勒毙"，以及分泌细胞壁来分解酵素，达到破坏其他真菌细胞壁，从而杀菌的效果；同时刺激诱导农作物产生抗性，来对抗病害真菌。

绿色木霉

◆ 原生地（发现地）：
世界各地。

◆ 拉丁文名称原意：
Tricho 的希腊文是 trikho-，意思是"毛发"，为 thrix 与 trikh- 两者结合而来。希腊文 der- 是印欧语系的词首，意思是"皮肤"。*vir-* 来自拉丁文 *virere*，意思是"绿色"。

◆ 危害或应用：
农业病害防治。

例如种植可可豆时，会利用"内共生菌"来防治真菌疾病。内共生菌可能栖息在不同植物组织内，包括根、树干、茎、叶、花、果实，可应用在许多热带树木疾病的控制上，如可可树的黑荚腐、可可链疫孢荚腐病菌（*Moniliophthora roreri*），对丛枝病（witches' broom disease）也有作用。总之，利用与植物相关联的多样微生物群落，来达到防治目的。

木霉菌[1]的内共生能力已经在可可豆组织（茎和叶）中充分展现，它可以让可可树开花期长达数月，一些木霉菌甚至能让可可荚增加产量。绿色木霉也被用于控制许多作物的根部病害，例如花生茎枯病、梅子银叶症，还有水稻纹枯病。一些证据显示，某些木霉菌还有显著的潜力，能防治植物冠层的病害。

生物防治大功臣

除了木霉菌，其他许多真菌也在农业的生物防治上做出贡献。肌醇同化毕赤酵母（*Pichia inositovora*）和洋槐毕赤酵母（*Pichia acaciae*），可以产生阻止其他酵母菌生长的"杀手毒素"，且已被实际应用到发酵品制造工业，例如在清酒或米酒发酵的过程中，它们能消除不必要的酵母污染；拟球藻属（*Sphaerellopsis*）能控制某些植物的锈病；大伏革菌（*Phlebia gigantea*）可

1　木霉菌属于半知菌门，丝孢目，木霉属，常见的木霉有绿色木霉、康宁木霉、棘孢木霉、深绿木霉、哈茨木霉、长枝木霉等。

用于防治由多年异担子菌（*Heterobasidion annosum*）造成的针叶树根腐病；高里毕赤酵母（*Pichia guillermondii*）能有效抑制产黄青霉，喷洒在采摘后的柑橘类水果上，能避免水果腐烂。

在杂草防治领域，真菌除草剂相较于化学产品更便宜，且具有对宿主专一、对人体无害的特点。1986年，加州 Mycogen 公司推出了几款真菌除草剂，包括利用决明链格孢（*Alternaria cassiae*）控制决明子；利用镰刀菌（*Fusarium* SP.）来控制空心莲子草（*Alternanthera philoxeroides*），解决了大豆田里的杂草。棕榈疫霉（*Phytophthora palmivora*）已经被用来控制乳草属植物（milkweed），以及让柑橘农头疼的绞杀藤（stranglervine）。

胶孢炭疽菌（*Colletotrichum gloeosporioides*）可以控制污染稻米田的合萌草（joint vetch），葫芦尾孢（*cercospora piaropi*）曾帮助美国佛罗里达州消灭水道里过度繁殖的凤眼莲（water hyacinth）。

真菌在生物防治上的功劳不胜枚举，还有利用真菌控制轮叶黑藻（*Hydrilla verticillata*）、利用苋生蒙加拉隐孢壳霉（*Phomopsis amaranthicola*）控制猪草、利用甘蔗平脐蠕孢（*Bipolaris saccharii*）控制白茅草等例子。

Part 2

农业 "杀手"

禾生炭疽病菌
Colletotrichum graminicola

美国的灾难

禾生炭疽病菌
Colletotrichum graminicola

玉米是重要的粮食作物，然而，很多真菌也都爱找玉米的麻烦。这一章，我想一一介绍这些让玉米生病的主要真菌，包括禾生炭疽病菌、玉米蜀黍节壶菌（*Physoderma maydis*）、玉米叶点霉（*Phyllosticta maydis*）、玉米指梗霉（*Sclerospora maydis*）、玉蜀黍头孢霉（*Cephalosporium maydis*）与异旋孢腔菌（*Cochliobolus heterostrophus*）。

禾生炭疽病菌

禾生炭疽病菌造成的玉米炭疽病是全球性的疾病，它会在任何季节感染宿主的任何组织，这正是它的棘手之处。

20 世纪 70 年代早期，美国中北部和东部的农业开始受到炭疽流行病的冲击，两年之内，印第安纳州的甜玉米罐头工厂一一倒闭。20 世纪 80—90 年代，炭疽病、茎腐病出现在美国许多的玉米田中；由于种植的都是基因改造玉米，病菌的影响力会继续增加。这是因为相较于一般玉米，转 Bt[1] 基因玉米虽然可毒杀鳞翅目幼虫与

禾生炭疽病菌

◆ 原生地（发现地）：
世界各地。

◆ 拉丁文名称原意：
Colletotrichum 中的新拉丁文 colleto-，源自意为"黏住"的希腊文 kollētos，或是意为"去黏住"的希腊文 kollan。-trichum 则源自希腊文 trich-，而 trich- 是从意为"毛发"的 thrix 产生的。*graminicola* 是 gramineus 的拉丁文，由 gramin- 而来，gramen 则是"草"的意思。

◆ 危害或应用：
造成玉米病害。

1　苏云金芽孢杆菌（Bacillus thuringieusis，简称 Bt）。

毛虫，但更容易受到禾生炭疽病菌的感染，同时也容易受到引发茎腐病的真菌的感染。

除了玉米会感染炭疽病，其他农作物也有同样的困扰，如菜豆和大豆。集约农业的发达，让炭疽病也有机会大显身手。

1875 年，德国在波恩农业研究所的蔬果园里鉴定出了菜豆炭疽病。1878 年，《含笑属植物》中记录了很多菜豆炭疽病的观察记录，并确认菜豆炭疽病是由菜

烟碱类杀虫剂

◆

当昆虫对杀虫剂的抗药性提高时，杀虫剂的功效就会越来越差，于是农民开始改用效果较好的烟碱类杀虫剂。这是因为烟碱类杀虫剂会被植物吸收，散布到叶子、茎、花与每一个器官组织中，昆虫只要吃了植物就会死亡。表面上，人们已经找到了解决害虫的方法，实际上却是生态大浩劫。这是因为烟碱类杀虫剂也杀死了蜜蜂，而且会残留在农作物内，再多的清水浸泡清洗都没有用。欧盟宣布自 2013 年 12 月起，全面禁止使用烟碱类杀虫剂，除非科学证明该类杀虫剂对蜜蜂与人类完全无害，才会开放使用。然而，美国还在继续使用这种杀虫剂。

豆炭疽病菌（*Gloeosporium lindemuthianum*）引起的。几年后，因为发现该菌的刚毛结构，所以又将其重新分类，将属名改为刺盘孢菌，并沿用至今。

大豆炭疽病最早于 1917 年出现在韩国，如今已经扩散到所有大豆种植区。大豆炭疽病可以导致 16% ～ 100% 的农业损失，而农业损失的严重程度取决于农作物的品种与种植环境。

玉米蜀黍节壶菌与玉米叶点霉

玉米蜀黍节壶菌属于壶菌属（*Cladochytrium*），这一属约有 80 种真菌，由德国植物学家卡尔·瓦洛思（Karl Wallroth）于 1833 年发现。玉米蜀黍节壶菌对玉米造成的疾病被称为"玉米小斑病"，常发生在雨量充沛和高温地区。1976 年，印度的玉米田暴发了玉米小斑病，造成玉米产量损失 20%。1971 年，美国伊利诺伊州的白玉米出现严重疫情，一些区域的产量损失高达 80%。

玉米叶点霉会造成玉米大斑病，最早于 1976 年在美国威斯康星州被正式报道。在那之后，这种疾病就开始出现在玉米的主要产区和美国东北部寒冷地区。叶点霉属真菌这个名称最早出现于 1818 年，两百年来，已经有超过 3 100 种真菌被归类到这一属。

玉米指梗霉与玉蜀黍头孢霉

　　1962—1963 年的研究指出，玉米指梗霉与玉蜀黍
头孢霉会引起甘蔗和玉米的霜霉病[1]和玉米晚枯病。玉
米晚枯病是埃及最严重的真菌感染疾病，有些地方甚
至出现了 100% 的感染率。该疾病稍后于 1970 年开始
出现在印度，并于 1995 年引起高达 100% 的产量损失。
1998 年，晚枯病出现在匈牙利，1999 年出现在肯尼亚，
2010 年则出现在葡萄牙和西班牙。其迅速传播的原因，
可能是进口的种子夹带了病原菌。由于这类真菌可以让
许多种农作物染病，因此很难推导出源头。

T− 毒素

　　人们原本认为，O 型种异旋孢腔菌对于玉米是危害较大的病
原菌，直到 20 世纪 70 年代，T 型种异旋孢腔菌吞噬了美国 15%
以上的玉米产量。T 型种和 O 型种的不同之处在于，T 型种会产
生 T− 毒素。T− 毒素是宿主专一毒素，正好 20 世纪 70 年代种植
的玉米大多是 T 型细胞质雄性不孕品种（T-cms），因此对 T− 毒
素特别敏感。

1　霜霉病指的是由真菌中的霜霉菌引起的植物病害。霜霉菌是
　　专一性寄生菌，极少数的霜霉菌已可人工培养。

异旋孢腔菌

1968 年夏天，美国正忙于越南战争，肯尼迪被暗杀。就在这时，玉米田里悄悄出了状况——神秘的玉米腐病，出现在伊利诺伊州和艾奥瓦州的几个主要农场，但并没有造成玉米损失。所以大家相信只要度过一个冬天，这种病就会自行消失。然而过了 1 年，这个"怪病"又回来了，这一次，玉米在包叶里开始腐烂，秸秆倒地。人们发现这种疾病只对特定的杂交玉米品种有影响，而科学家对此则束手无策。

1970 年 2 月，这种病开始出现在佛罗里达州南部，3 个月后蔓延到阿拉巴马州和密西西比州南部，很快，整个佛罗里达州、阿拉巴马州海拔较低的地方、大部分密西西比州、路易斯安那州低地及得州沿海地区都"沦陷"了。到了 6 月，它已经横扫佐治亚州、阿拉巴马州和肯塔基州的玉米种植区域，美国 85% 的玉米都种植在这里。短短 4 个月，疾病已经向北蔓延至明尼苏达州和威斯康星州，进入加拿大，向西最远到达堪萨斯州和俄克拉何马州的狭长地带。

后来，科学家终于查出元凶是 T 型种的异旋孢腔菌，这种疾病就是"南方的玉米枯萎病"。异旋孢腔菌传播快速，有如野火一般，所经之处不到 1 天，叶子就会枯黄；不到 10 天，玉米就会染病腐烂。1971 年，亚洲的日本、菲律宾，非洲及拉丁美洲，也都同时出现了关于玉米枯萎病的报道，因此澳洲和新西兰的玉米种子进口商认为，异旋孢腔菌兴起的地方应该不是美国。

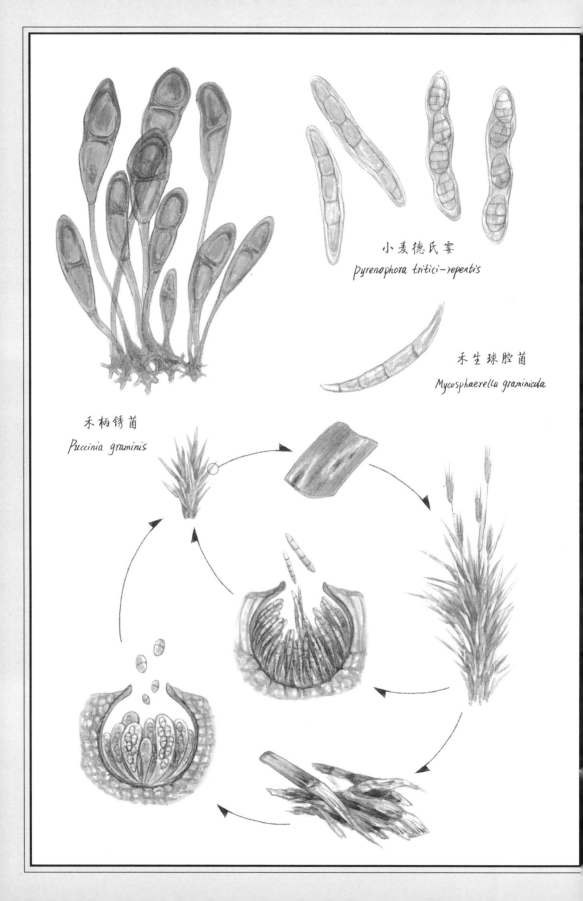

小麦德氏霉
pyrenophora tritici-repentis

禾生球腔菌
Mycosphaerella graminicola

禾柄锈菌
Puccinia graminis

不再随风摇曳的麦田

禾谷镰刀菌、禾生球腔菌、禾柄锈菌与小麦德氏霉

Fusarium graminearum，*Mycosphaerella graminicola*，*Puccinia graminis* & *Pyrenophora tritici-repentis*

人类种植小麦的历史已经有几千年甚至上万年之久，据考古研究，早在 8 000 年前，人类聚落中就开始出现小麦的踪迹。不过，在古代典籍中，小麦歉收多被归因于气候因素，例如干旱；如果小麦发生了疾病，则多被归于天神对人类贪婪的惩罚，所以真菌疾病是否引起了小麦的疾病与歉收，也就变得不易求证。关于小麦感染真菌疾病的具体记录，最早可以追溯到 1884 年的英国，那就是禾谷镰刀菌造成的小麦赤霉病（fusarium head blight），又称为茎基腐病。

禾谷镰刀菌

小麦赤霉病极具破坏力，常被误认为霉斑病，会影响种植在温带和亚热带地区的小麦、大麦、玉米及一些杂粮。小麦赤霉病可以在数周之内，完全摧毁农民的庄

禾谷镰刀菌

◆ 原生地（发现地）：
世界各地。

◆ 拉丁文名称原意：
Fusarium，新拉丁文 *Fūs-ārium*，来自拉丁文 *fūsus*，意思是"纺锤"（形状）。*graminis* 也就是 grāmen（名词），grāminis（所有格）是"草"的意思。*arum* 也就是 eārum，意思是"走"。

◆ 危害或应用：
造成小麦病害。

稻，造成全球每年总计高达数 10 亿美元的损失。

20 世纪初，小麦赤霉病是对小麦和大麦的一大威胁，更是全球性的农作物疾病。其疫情广布亚洲、欧洲、南美洲和北美洲的加拿大。在过去的 10 年里，小麦赤霉病已达到可称为流行病的程度，不仅造成了严重的产量损失，还导致种子质量下降。禾谷镰刀菌产生的单端孢霉烯族毒素，目前还没有找到抗病作物品种可供栽培；加上考虑到成本问题，杀菌剂的使用受到限制，

新月沃土（Fertile Crescent）

其地点位于今日的以色列西岸、黎巴嫩、约旦部分地区、叙利亚，以及伊拉克和土耳其的东南部、埃及的东北部。由于在地图上好像一弯新月，所以人们把这片肥沃的土地称为“新月沃土”。新月沃土上的三条主要河流，约旦河、幼发拉底河和底格里斯河的河流流域共 40 万～ 50 万平方千米。约旦河和幼发拉底河的上游西岸，是人们所知的人类首个农业定居点。在灌溉的作用下，这片土地非常肥沃，居住在该地区的人也依靠土地上出产的粮食为生。早在公元前 7000 年，这里就已有粮食生产。

因而难以有效应用到麦穗上。在小麦的开花期，蜡熟初期核生长时，禾谷镰刀菌会先感染小麦粒穗状花序，再经由花朵进入宿主植物。感染过程复杂且尚未能研究透彻，所以还无法有效控制。感染会造成宿主的氨基酸组成产生变化，导致核仁干瘪，剩余的谷物也会遭到污染。寻找对禾谷镰刀菌有抵抗力的作物品种，是对抗这种疾病的当务之急。

禾生球腔菌

禾生球腔菌会造成"小麦叶枯病"（septoria tritici blotch），顾名思义，这种病会造成小麦叶子枯黄，严重影响小麦产量。在 1 万～1.2 万年前的新月沃土地区，从小麦被人类驯化为粮食作物那天起，禾生球腔菌就一直伴随着小麦，至今仍是造成小麦疾病的主要致病菌之一，全世界的小麦种植区都可以发现小麦叶枯病的踪迹。小麦叶枯病会造成小麦产量减少 30%～50%，对经济无疑是一大冲击，且为了抑制这种疾病所使用的农药，每年都要花掉数亿美元。

禾生球腔菌不是直接穿过宿主的表面，而是经由宿主气孔来造成感染，而且潜伏期长达 2 周。该真菌可以在潜伏期逃过宿主的防御系统，之后就迅速转变为具有杀伤力的坏死菌形态。

禾生球腔菌很难控制，因为其活跃的有性生殖让后代一直保有可供筛选的多样基因体，并能适应环境与农药的冲击。禾生球腔菌在遗传学上最引人注目之处，就

禾生球腔菌
◆ 拉丁文名称原意：
Myco 是"真菌"的意思。*sphaera* 的意思是"球"，来自古希腊文 sphaîra。*-ella* 字尾通常用在细菌的名称上。新拉丁文 *-ellus* 多用于女性名字的结尾。*cola* 来自 kola，意思是"核果"。

是它的基因体包含 8 个可以丢弃的染色体。此外，一般真菌主要是依靠分解宿主的碳水化合物来取得养分，但禾生球腔菌可能是靠分解蛋白质来取得养分，这也让禾生球腔菌能够成功逃避宿主的防御系统。

禾柄锈菌与小麦德氏霉

禾柄锈菌会感染小麦，导致"小麦秆锈病"（wheat stem rust），在人类历史上曾多次引发粮食危机。1953年，美国因为小麦秆锈病减少了 40% 的小麦产量。从 20 世纪 60 年代开始种植含有抗病基因的小麦后，直至 20 世纪 90 年代末期，才成功缓解了该疾病的威胁。然而 1998 年，乌干达出现了一种新型禾柄锈菌，这一次就连基因改造作物也未能幸免，而且现在已经从非洲扩散到了中东地区，应该很快就会再次遍及北美洲与欧洲的小麦种植区。到时，又会是一场腥风血雨的真菌战争。

小麦德氏霉会造成"小麦黄斑叶枯病"（yellow leaf spot），最早记载于 1823 年。它不分地域，全世界任何种植小麦的地方（包括澳洲、北美洲、中南美洲、欧洲、非洲与亚洲等地区），都可以发现其踪迹。一般来说，如果小麦田感染了小麦德氏霉，会造成高达 30% 的损失。如果气候条件有利于小麦德氏霉生长，更会造成高达 49% 的歉收。

禾柄锈菌

◆ 拉丁文名称原意：
Puccinia 是为了纪念意大利解剖学家 Tommaso Puccini，并在词尾加上了新拉丁文 *-ia*。

小麦德氏霉

◆ 拉丁文名称原意：
Pyrenophora 是由希腊文 pyrēn- 及 pyrēno- 演变而来的新拉丁文，意思是"鹅观草"。希腊文 pyrēn- 的意思是"小麦"。*phora* 来自希腊文 phōr，意思是"产生"。

tritici 是由 trītus 而来，是 terō 的被动分词，意思是"吃牧草"或是"研磨"。
repentis 是 rēpō 的现在分词，意思是"爬行"。

尖孢镰刀菌
Fusarium oxysporum

香蕉黑条叶斑病菌
Mycosphaerella fijiensis Morelet

香蕉王国的没落

尖孢镰刀菌
与香蕉黑条叶斑病菌

Fusarium oxysporum
& Mycosphaerella fijiensis Morelet

　　中国台湾曾是"香蕉王国"。1967 年，高雄市旗山区的香蕉，因尖孢镰刀菌造成的黄叶病而大受打击，使得外销数量大大减少。20 世纪 60 年代，南部香蕉产区也因香蕉黑条叶斑病菌（又称为香蕉叶斑病菌）造成的香蕉黑条叶斑病（black sigatoka，又称为香蕉叶斑病）大肆流行，导致严重损失。这些真菌可导致某些品种的香蕉绝种，在以香蕉为主食和以香蕉作为重要经济作物的国家或地区，这些真菌让数百万蕉农与人民的生活陷入困境。

尖孢镰刀菌

　　20 世纪 50 年代，巴拿马暴发了香蕉黄叶病，几乎摧毁了美洲最主要的香蕉出口产业。这次的灾难，造成"大米歇尔蕉"（gros michel）濒临绝种。尖孢镰刀菌感染香蕉作物的速度快得令人难以置信，一发而不可收，且极具毁灭性。尖孢镰刀菌经由土壤和水传播，可

尖孢镰刀菌

◆ 原生地（发现地）：
全球香蕉产区。

◆ 拉丁文名称原意：
Fusarium 的新拉丁文是 *Fūsārium*，来自拉丁文 *fūsus*，意思是"纺锤"（形状）。
oxysporum, *oxy* 源自希腊文 oxýs，意思是"尖锐""酸"。另外，在医学上的用法，oxy 是"氧气"的词首。*sporo* 源自古希腊文 spora，意思是"种子""播种"。

◆ 危害或应用：
造成香蕉病害。

以潜伏在土壤中长达30年，一旦遇到合适的宿主，它就会循着根系，借助水分的传输，经由木质部导管感染整株植物，造成宿主迅速枯萎并变成黄棕色，香蕉树会因为脱水而死亡。

巴拿马的疫情暴发后，各国蕉农都改种抗病力较强但香气略逊一筹的华蕉（cavendish，又称香芽蕉）。如今，华蕉已经是香蕉贸易的主流。可是，尖孢镰刀菌不愿就此罢手，到了1990年前后，杀伤力更大的热带四型菌种（Tropical Race Four，TR4）开始流行，而且华蕉对这一病菌也毫无抵抗力。由于香蕉不能进行有性繁殖，所以目前所有的香蕉树都是经由组织培养，换句话说，全世界的华蕉都是"复制蕉"，拥有一样的基因体。如果热带四型菌种传到拉丁美洲，那么目前占全球产量85%的华蕉可能就会走到尽头。

香蕉黑条叶斑病菌

造成香蕉黑条叶斑病的香蕉黑条叶斑病菌，遍及全球60多个国家。染病的香蕉树，叶子会枯死，产量会下降五成，而且1年必须密集喷药多达50次，才能稍微控制疫情。目前这个疾病仍被视为危害全球香蕉产业最严重的病害之一。1966—1967年，病情扩散至菲律宾、中国台湾等10处亚太地区，1969年、1980年及1981年又分别传播至澳洲、夏威夷及中国海南岛等15处地区。美洲的叶斑病首先于1972年出现在洪都拉斯共和国，并陆续传播至巴西、美国佛罗里达州等17个国家和地区。非洲则于1978年开始出现，并蔓延至20个国家。如此大规模与快速的传染，都要归咎于蔬果进出口的发达，却缺乏专业的检疫知识和完善严密的检疫程序。

20世纪60年代，中国台湾南部的香蕉产区曾有叶斑病的大肆流行，然而1977年，"赛洛玛"台风将高屏地区（热带地区）的香蕉种植区夷为平地，感染源密度下降，再加上当局趁此机会全面执行病害防治作业，叶斑病的发生率逐年下降，目前仅局限于东半部的某些地区和西半部高雄美浓至台南楠西一带。

再也吃不到香蕉？

新的研究指出，我们现在吃的香蕉已经在往绝种的路上前进了。在"大米歇尔蕉"上曾发生过的事，如今也开始在华蕉上弹起了前奏。华蕉正受到尖孢镰刀菌的严重威胁，更糟糕的是，抗杀真菌剂的病原菌出现了，这种抗杀真菌剂的病菌躲过了边境检疫，蔓延到了东南亚、非洲、中东地区和大洋洲。荷兰的研究显示，这波疫情传回南美洲是迟早的事，到时全世界85%的华蕉可能会因此消失。

不过，2017年7月发表的一篇最新研究表明，澳大利亚昆士兰科技大学的研究团队把野生香蕉中能抵抗TR4型尖孢镰刀菌的抗真菌基因 *RGA2*，以及来自线虫的抗多种真菌的基因 *Ced9* 复制到华蕉中，在为期3年的研究与实验之后，两种经过基因改造的华蕉皆显示出良好的抗病能力。这对蕉农来说，无疑是个天大的好消息，不过，如果以后市场上只剩下基因改造过的香蕉可以吃，不知道消费者感受如何呢？

香蕉黑条叶斑病菌

◆ 原生地（发现地）：
全球香蕉产区。

◆ 拉丁文名称原意：
Myco 是"真菌"的意思。*sphaera* 来自古希腊文 sphaîra，意思是"球"。*-ella* 词尾通常用在细菌名称上。新拉丁文 *-ellus* 多用于女性名字的结尾。拉丁文 *-elle* 的意思是"看"。*fijiensis* 指的是"斐济"（Fiji）。

◆ 危害或应用：
造成香蕉病害。

咖啡驼孢锈菌

Hemileia vastatrix

消失的咖啡帝国

咖啡驼孢锈菌
Hemileia vastatrix

  咖啡是世界上交易量最大的商品之一，养活了数百万小农户，是热带国家重要的经济来源。咖啡和我们每天的生活同步，也与整个社会和经济互相牵动。然而，来搅局的咖啡驼孢锈菌（又称咖啡锈菌），正严重威胁着我们起床煮一杯热腾腾的咖啡，或是在上班路上顺道走进一家咖啡馆的权利。咖啡驼孢锈菌广泛分布于非洲、美洲、亚洲与大洋洲任何有咖啡种植的地方，它的生长过程至今还没有被全部揭开。除了无法在咖啡树上观察到完整的生长过程外，至今也没有人知道它们究竟会在哪一种植物上长至成熟。

喝茶吧，英国人

  咖啡原产于非洲埃塞俄比亚的热带雨林，人们第一次把它作为饮品，可能是为了药用和宗教仪式，但其提神的作用和清新的气味让它深受人们喜爱，因此便流行了起来。1500年，咖啡馆在埃及、阿拉伯和土耳其都很常见，所以欧洲游客将这种具有奇特风味的种植物带回了自己的国家。荷兰人看到了咖啡的商业潜力，开始在他们的殖民地，包括斯里兰卡、苏门答腊和爪哇等地

咖啡驼孢锈菌

◆ **原生地（发现地）：**
非洲东部地区的维多利亚湖（Lake Victoria）附近。

◆ **拉丁文名称原意：**
Hemileia，新拉丁文，是由意为"半"的 hemi- 和意为"平滑"的希腊文 leios 组成，形容孢子的外形。*vastatrix* 意思是"破坏性的"。

◆ **危害或应用：**
造成咖啡病害。

种植咖啡。"爪哇"其实就是"咖啡"的意思。到了 17 世纪初，咖啡馆如雨后春笋般出现在欧洲各个大城市。一开始，咖啡代表着贵族和有钱人的品位，但很快就在普通民众间掀起热潮，咖啡馆也渐渐成为各地知识分子聚集在一起讨论哲学、宗教及政治的地方。

19 世纪，荷兰将斯里兰卡割让给英国时，斯里兰卡已经发展成为世界上最大的咖啡种植区。英国人接手后将之加倍开发，在每一寸能使用的土地上都种植咖啡树或少量其他的经济作物，如橡胶及可可豆。斯里兰卡每年出口超过 2 000 万千克的咖啡豆，大部分都运往英国。当咖啡在欧洲占据特殊地位时，咖啡种植区却开始噩梦连连。1890 年，斯里兰卡咖啡农场的好运，终于走到了尽头。

咖啡驼孢锈菌是咖啡树主要的致病菌，会造成咖啡锈病，是脆弱的咖啡种植产业的一大梦魇。1861 年，首先在非洲东部地区的维多利亚湖附近发现了咖啡锈病，1867 年则开始出现在斯里兰卡。这种疾病经英国真菌学创始人柏克莱确认，是由咖啡驼孢锈菌引起的，并将其命名为"破坏"（vastatrix）。

咖啡驼孢锈菌究竟来自埃塞俄比亚，还是斯里兰卡，至今仍是一个谜。1879 年，咖啡驼孢锈菌带来了巨大的灾难，斯里兰卡政府发出呼吁，希望英国派人来解决问题。一位年轻的植物学家哈里·马歇尔·沃德（Harry Marshall Ward）接受了这个挑战。沃德指出，大规模种植咖啡的风险在于没有防风林作为孢子扩散的缓冲地带，他建议参考法国波尔多地区（葡萄产区）对付病菌的做法，使用保护性杀菌剂（硫酸铜与熟石灰的混合液体）来防止感染。但那时，沃德提出的方案已经来不及挽救咖啡了。

1890 年，斯里兰卡的咖啡产业受到咖啡驼孢锈菌的重创，全面崩盘。几年内，咖啡锈病扩散到了印度、苏门答腊和爪哇，咖啡生产中心从此转移到了中南美洲。巴西成为世界上主要的咖啡供应商，斯里兰卡的英国农场主只好转而生产茶叶，下午茶的文化就此开始在英国盛行起来。不只是斯里兰卡，咖啡锈病更遍布东南亚，最后整个南非、中非与非洲东部地区的咖啡种植区都能看到咖啡锈病的踪影。经过一段时间的经济和社会动荡，19 世纪末，茶园种植开始取代已被摧毁的咖啡种植，英国人从此改喝茶。

咖啡的逃离

咖啡驼孢锈菌于 1890 年摧毁了亚洲的咖啡产业后，并没有就此罢手。20 世纪 20 年代，它开始在非洲蔓延，甚至传到了印度尼西亚与位于南太平洋的斐济。最终，到了 1970 年，咖啡锈病随着咖啡树传到了巴西，并在 1975 年迅速蔓延至整个巴西咖啡种植区。1981 年后，疫情扩散到中南美洲。哥伦比亚的咖啡种植面积有 8 500 平方千米，其中 41% 是小果咖啡（coffea arabica），也就是阿拉比卡咖啡。阿拉比卡咖啡易受咖啡驼孢锈菌感染，造成 1983 年哥伦比亚咖啡作物 30% 的损失。疫情如此惨重，环境剧变是最大的推手，雨量大增与日照减少，都是让灾害恶化的因素。

中美洲国家因为咖啡产业受到重创，有44万人在2013年失去工作。这些无计可施的人准备带着咖啡种植技术逃离疫区，转向中国、东非及东南亚，却发现咖啡驼孢锈菌早已出现在这些地区。

同时，即使是野生咖啡，遗传多样性也在降低，这是另一个让人感到不安的演化。由于伐木、大量种植薪材[1]与人口的增加，非洲埃塞俄比亚西南部原本还保有咖啡多样性的区域，已经缩小至不到原来的1/10。埃塞俄比亚政府因此明令禁止出口咖啡树与咖啡种子。

品种单一性的危机

◆

19—20世纪，几乎所有商业化生产的咖啡，都拥有同一血统，可以追溯到同一棵咖啡树——1713年法国国王路易十四温室里的一棵咖啡树。商业性咖啡生产的遗传单一性，是毁灭性流行病兴起的导火线。在野生种咖啡树中，其实是有抗菌植株的，到目前为止，已找到9个咖啡树的抗病基因，不过这些基因主要来自中果咖啡（coffea canephora），也就是罗布斯塔咖啡；以及大果咖啡（coffea liberica），也就是利比里亚咖啡，而非适合商业化生产的阿拉比卡咖啡。想要育种出有抗锈病能力、高生产量及高质量的咖啡，确实是一大挑战。

---

1 在林业调查中直立主干长度小于2米，或径阶小于8米的林木称为薪材。

稻瘟病菌

Magnaporthe grisea

鬼火燃烧的稻田

稻瘟病菌

Magnaporthe grisea

由稻瘟病菌感染而产生的稻瘟病，分布于所有稻米产区，包括亚洲地区的中国、日本、韩国、菲律宾与印度，欧洲的意大利及美洲的美国与巴西等 85 个国家，每年因稻瘟病菌引起的稻作损失可以填饱 6 000 万人的肚子。稻瘟病非常棘手，很难摆脱到目前为止，没有一个稻作地区能完全摆脱稻瘟病的威胁。稻瘟病的病原体于 1891 年被意大利的弗里迪亚诺·卡瓦拉（Fridiano Cavara）命名为稻梨孢菌（*Pyricularia oryzae*）；1896 年，日本人白井对此做了进一步描述。稻瘟病是分布最广泛的植物病害之一。

第六稻灾

1637 年，《天工开物·乃粒第一·稻灾》中提到，稻米种植有八灾，其中的第六灾就是稻瘟病。其中描写，微弱月光有助于病菌孢子传播，仿佛它们只在夜间出没，而染病的稻叶会呈现焦黑的条纹，就像被烧过一般，因而将这种病形容为"鬼火"。"凡苗吐穗之后，暮夜鬼火游烧，此六灾也。"

之后，日本分别在 1704 年、1788 年、1793 年及 1809 年记录到稻瘟病。1828 年，意大利也出现了稻瘟

稻瘟病菌

◆ 原生地（发现地）：
全球稻米产区。

◆ 拉丁文名称原意：
Magnaporthe，*magnus* 的意思是"大"。porthe 是希腊文，意思是"毁灭"。*grisea* 的新拉丁文是 *griseus*，意思是"灰色"。

◆ 危害或应用：
造成稻谷病害。

病，1876 年开始出现在美国，并在 1907 年成为美国历史上最严重的 8 种水稻病害之一。

1913 年，印度首次记录了稻瘟病。1919 年，一场毁灭性的流行病发生在泰米尔纳德的坦贾武尔三角洲地区。到了 2000 年，稻瘟病已经出现在美国南加州。稻瘟病对于环境的适应能力很强——在中东地区，稻米生长在高温、高湿度又低洼的地方，完全只靠地下泉水与河水灌溉，但是这里一样出现了稻瘟病，病征出现在稻秆被灌溉水淹到的部位。叶子与其他部位并没有出现病变。在伊拉克，这种病被称为"沙雷（shara）病"。

稻米的瘟疫

稻瘟病原菌的无性世代被称为稻梨孢菌，属于子囊菌，是一种能够快速感染植物的真菌，分生孢子借由空气传播，飞散到空中，降落在稻叶上，就会萌发产生"附着胞"[1]。如果孢子落在土地上，发芽的孢子会长成菌丝，菌丝接触到稻米的根部，就会感染稻米。

梨孢属真菌大多是植物病原菌，且对宿主有很强的专一性，其中稻梨孢菌主要感染水稻，其种名也是以感染的宿主来命名的。自然界中的稻瘟病菌，个体间具有许多不同的生理特性。根据对水稻致病力的不同，可以将稻瘟病菌做种内分类，分成不同的生理

---

1 许多寄生于植物的真菌在其芽管或老菌丝顶端会发生膨大，分泌黏状物，借以牢固地黏附在宿主的表面，此即附着胞。

小种（physiologic races）¹，又称病原小种。稻瘟病菌本身的变异性很大，因此，当人们推出抗稻瘟病的水稻品种后，病菌就会变异产生新的生理小种，来对抗宿主的抗病性。

如果环境适合稻瘟病菌生长，从稻米染病产生病征到细胞死亡，稻瘟病菌又会产生新的孢子感染下一株健康的稻米，整个过程大约只需 1 周。稻瘟病菌只要一个晚上就能产生成千上万个孢子，不到 20 天就能摧毁整个稻田，就像瘟疫一样，难怪古人会用"鬼火"来形容这种病害。

稻瘟病在中国台湾的状况

◆

在中国台湾，稻瘟病最常发生在第一期稻作上，水稻插秧后 35 ∽ 45 天最容易被感染。高屏地区，一般是每年 1—2 月的幼苗期，与 2—3 月的分蘖期，因气候正值昼夜温差大且湿度高（90% 以上）的时候，所以容易发生。到了 4—5 月的孕穗期及抽穗期，一旦染病就会歉收。目前有效的防治做法就是喷药及合理施肥。

1　是指同种病原物的不同群体在形态上没有什么差别，但是在生理生化特性、培养性状、致病性等方面存在差异。

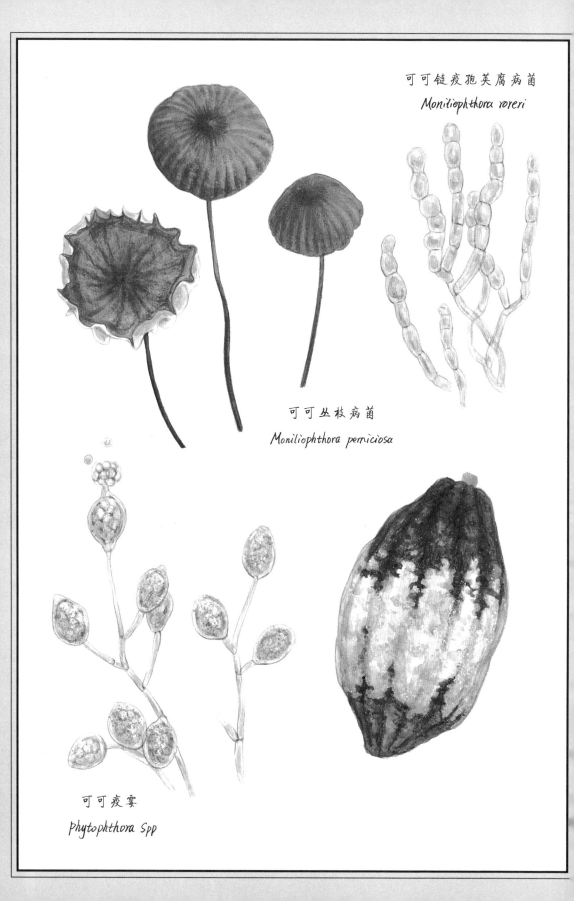

可可链疫孢荚腐病菌
Moniliophthora roreri

可可丛枝病菌
Moniliophthora perniciosa

可可疫霉
Phytophthora Spp

最后一颗巧克力

可可丛枝病菌、可可链疫孢荚腐病菌

Moniliophthora perniciosa,
Moniliophthora roreri

可可链疫孢荚腐病菌造成的冷冻荚腐病（frosty pod rot），主要出现在南美洲西北部国家。19世纪末，它侵袭了哥伦比亚和厄瓜多尔的可可种植园，造成了巨大灾难。可可丛枝病菌是一种会造成丛枝病的真菌，20世纪传遍了整个南美洲、巴拿马和加勒比海地区，造成可可的重大损失。这些真菌看上我们最爱的巧克力，使一块又一块的可可田走向荒芜。

巧克力的死亡真相

所有的可可品种都会被可可链疫孢荚腐病菌感染。患上冷冻荚腐病的可可豆荚会呈雪白色，就像被冰冻一样。1817年，哥伦比亚的桑坦德出现了冷冻荚腐病，之后，该地区平均每年损失干燥可可产量40%，相当于33亿美元。将近一个世纪后，冷冻荚腐病又于1895年出现在厄瓜多尔。1918年，厄瓜多尔的克韦多暴发的冷冻荚腐病堪称历史上最惊悚的大流行，可可出口量下

可可丛枝病菌

◆ 原生地（发现地）：
中南美洲。

◆ 拉丁文名称原意：
Monilio，monīlis（所有格）的意思是"项链，一串宝石"。phthora是希腊文，意思是"毁灭，死亡"。*perniciosa*是由拉丁文*perniciosus*演变为英文pernicious，意思是"有害，有毒"或是"毁灭"。

◆ 危害或应用：
造成可可病害。

滑了近 1 万吨，流行地区的可可种植园荒废了整整 3 年之久。1988 年，冷冻荚腐病一路向南传到秘鲁，造成大约 160 平方千米可可种植园被荒废，最后，原本是巧克力出口国的秘鲁需要靠进口才能满足国内的需求。

疾病继续向北蔓延到了中美洲所有种植可可树的区

巧克力的崛起与危机

◆

1528 年，中美洲的西班牙殖民者埃尔南·科尔特斯（Hernán Cortés）为当时的西班牙国王查尔斯五世带来了新世界的可可豆，并将之称为巧克力（chocolate）。1544 年，一群来自多米尼加的西班牙修士带着玛雅人的伴手礼，拜访了当时西班牙的腓力王子，之后巧克力就开始风行欧洲。由于需求量增加，1585 年，第一艘运载可可豆的船只抵达西班牙。

可可树的大厚荚含种子 30 ∽ 40 颗，需要大约 6 个月的时间，才能完全成熟。成长中的果实很容易受到感染，如果在生长的最初几个星期受感染，豆荚中的可可豆会停止生长。如果正在生长的豆荚被感染，那么成熟豆荚与种子在最后会完全腐烂呈水状。当更成熟的豆荚被感染后，会损失部分种子。可可树通常生长在雨林中，种植可可树能为野生动物提供栖息地，但因为可可病害肆虐，农民砍伐森林改种其他农作物，结果造成森林覆盖率下降。因此，可可树的真菌病害不仅影响了可可豆的供应，还对热带雨林环境的保护产生了极大冲击。

域，包括哥斯达黎加、尼加拉瓜、洪都拉斯共和国、危地马拉、伯利兹，2005 年来到了墨西哥。后来在非洲牙买加的克拉伦登区也发现了冷冻荚腐病。克拉伦登区的可可产量占牙买加全国的 70%，农业官员被吓出一身冷汗。看来，冷冻荚腐病经离开了美洲一路来到非洲，而大部分被感染的区域，最终都只有弃田这一个选择。

不过，有些可可品种表现出了一定程度的抗病性，所以就地筛选具有抗病性的植株，以及提高可可树品种的多样性，避免同一种植区只使用单一品种，还有筛选耐旱（干旱不利于病原菌的生长）的可可树，也许就有机会在这一场巧克力与真菌的战争中占据上风。

树上的巫婆扫帚

1785 年和 1787 年，亚历山大·罗德里格斯·费雷拉（Alexandre Rodrigues Ferreira）在亚马逊地区观察到可可丛枝病并记录在笔记本上，这是已知的对可可丛枝病最早的文字记录。可可丛枝病菌是一种会造成丛枝病的真菌，20 世纪传遍整个南美洲、巴拿马和加勒比海地区，造成了重大损失。真菌性"丛枝病"又称"巫帚病"（witches' broom disease），入侵巴西后，造成可可产量大幅度减少。可可豆生产大国巴西，还一度需要依赖进口来满足国内的需求，而世代种植可可树的家庭被迫放弃农场，搬到了都市的贫民窟，短短数年间，历经几个世纪建立的可可种植体系便被彻底瓦解。这些灾难性的农业损失让农民与科学家认识到，以宿主自身的免疫力来抗病是最经济也是最长远之计。于是，20 世

可可链疫孢荚腐病菌
◆ 拉丁文名称原意：
roreri 是拉丁文，意思是"露水"。

纪 30 年代抗病植株在特立尼达和多巴哥进行了筛选，筛选出的植株在 20 世纪 50 年代被广泛应用于种植。但好景不长，从其他国家传入的新病原体，再一次更凶猛地摧毁了抗病植株，使计划全面失败。目前，巴西正积极以分子遗传技术来设法解决这个棘手的问题。可可丛枝病菌目前仍只局限在南美洲、巴拿马与加勒比海地区，农民带着可可豆一路逃到非洲的科特迪瓦、加纳、尼日利亚与喀麦隆等国家，现在数百万农民在非洲种植可可树，生产的可可占全世界的 70%。

丛枝病的生态贡献

◆

丛枝病又称巫帚病，是一种会造成木本植物疾病或植物畸形的病征，一般来说，树会因此变形，一堆黑压压的芽从单一点生长，最后看起来就像一把扫把或一个鸟巢。可可树、红枣树、苦苓树、云杉与侧柏等重要经济树种都会被感染。但是，丛枝病其实有其生态重要性。它们是很多生物，例如某些蛾类幼虫的栖息处，还有一些动物也是以这种"现成鸟巢"为窝，例如北美飞鼠（*Glaucomys sabrinus*）。

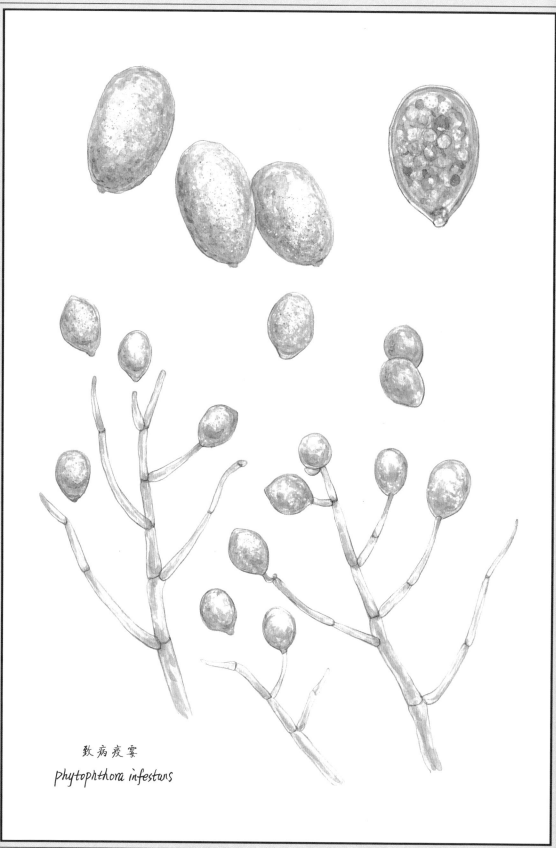

致病疫霉

phytophthora infestans

饥饿爱尔兰

致病疫霉
Phytophthora infestans

在科幻电影《火星救援》(*The Martian*，2015) 中，马特·达蒙饰演的航天员兼植物学家沃特尼受困火星后，在船舱内种植马铃薯，熬过饥饿，等待同伴来救援。19 世纪，几百万爱尔兰人连马铃薯都没得吃，等不到救援，或是逃离家乡，或是纷纷死去。这出人间悲剧，是由致病疫霉引起的"晚疫病"(late blight) 所造成的。致病疫霉（又称为马铃薯晚疫病菌）病原菌的起源可以追溯到墨西哥中部的托卢卡山谷，在不适宜生长的季节里，它们会蛰伏；在条件允许时则苏醒。其传播速度非常快，有如鼠疫一般。

马铃薯与爱尔兰

1500 年前，马铃薯还未传入欧洲，只出现在中南美洲，被当地人当作主食。西班牙船员将马铃薯带到欧洲，一开始只是出于好奇种植在私人花园，就这样过了两个世纪。

马铃薯和颠茄一样，属于茄科植物。颠茄全株有毒，会造成呕吐、腹泻还有皮肤过敏，所以当时的欧洲人对马铃薯不感兴趣。但自 1800 年后，欧洲人发现马

致病疫霉

◆ 原生地（发现地）：
墨西哥。

◆ 拉丁文名称原意：
Phytophthora 是新拉丁文，源自希腊文，由意为"植物"的 phyto- 和意为"毁灭，搞砸"的 -phthora 组成。
infestans 是拉丁文，infestāre 意为"折磨，攻击"。

◆ 危害或应用：
造成马铃薯病害。

铃薯的块茎是可以食用的，加上欧洲的种植环境与安第斯山脉很相似，所以马铃薯很快就适应了欧洲的气候与土壤，并且变成了欧洲人的主食。爱尔兰农民特别钟爱马铃薯。

爱尔兰农民生活困苦，背负着不合理的高额农田租金。如果农产品歉收，一家生计就会陷入困境。种植马

马铃薯促进城市化

◆

据考证，马铃薯的农业化栽培最早可追溯到公元前 8000 至公元 5000 年。美国威斯康星大学的研究团队为了寻找马铃薯的起源，分析了 350 种不同马铃薯中的标志性遗传，最终确认今天秘鲁南部种植的马铃薯，是世界各地马铃薯的起源地。之后，西班牙征服了印加帝国，马铃薯也因此在 16 世纪后半期被西班牙人带回欧洲，欧洲的探险者和殖民者又将马铃薯带到世界各地。

19 世纪时，欧洲人口开始增加，当时的马铃薯已经是人们餐桌上的重要食物。据估计，在 1700－1900 年，欧洲人口就因为引进了马铃薯从而增长了 25%，同时也加快了欧洲人口集中与城市化的进程。

铃薯扭转了他们的逆境，马铃薯不但收成很好，能带给一家温饱，还可以储存，让农民度过寒冬。

爱尔兰独立的钟声

1800 年初，晚疫病局部暴发，零星出现于农田，但人们不知道原因。到了 1843 年，晚疫病摧毁了美国东部大部分的马铃薯作物，而从巴尔的摩、费城和纽约市出发的船舶，则将染病的马铃薯带到了欧洲港口。进入欧洲的晚疫病迅速蔓延，到了 1845 年 8 月，欧洲许多国家，如比利时、荷兰、法国北部和英格兰南部，已全部沦陷，成了疫区。

1845 年 9 月 13 日，《园丁记事报和农业公报》(*Gardener's Chronicle and Agricultural Gazette*) 宣布："我们非常遗憾地宣布停止有关疫病的报道，因为马铃薯晚疫病已经成功登陆爱尔兰。"尽管如此，英国政府在接下来的几周内一直对疫情保持乐观态度，直到 10 月，农作物被破坏的规模已发展到难以忽视的地步。

后来，柏克莱注意到染病作物的叶子上有菌丝，所以提出这种病是由真菌造成的。但当时的科学家认为病原体不可能是真菌，一定是更厉害的侵入性病原体，才能这么大规模地感染马铃薯。直到人们证实柏克莱是正确的时，马铃薯晚疫病已经在爱尔兰扎根。那年，天气异常凉爽潮湿，致病疫霉的游动孢子更容易四处传播。

眼看饥荒无法避免，英国人考虑进口小麦、大麦和玉米等谷物救灾。但是当时英国有《谷物法》[1]，对进口谷物征收高关税，无法廉价出售给农民。1845 年冬天，灾难终于降临。太早收成的马铃薯在储藏室里腐烂，农民只好将原本储备的用来当作来年种子的种薯也全部吃掉了。英国试图进口低关税的玉米，然而爱尔兰人拒绝吃玉米，因为他们认为玉米是用来喂鸡的。1846 年又是凉爽潮湿的天气，致病疫霉的游动孢子再次肆虐马铃薯田，这时《谷物法》已经被废除，但为时已晚。1845—

真菌的有性生殖与无性生殖

◆

真菌的交配型主要由交配型基因控制，主要功能是进行有性生殖。有性生殖才能使遗传物质重组，产生与亲代不同的遗传编码的后代，在适应环境剧变时扮演着重要的角色。如果是无性生殖，所有个体的基因体都相同（理论上），一旦遇到不利的环境，可能就会无法迅速地反应与适应，导致全部死亡。致病疫霉都是同一个交配型，无法进行有性生殖，所以农业防治时，不易产生抗药性，也因此在后来成为控制疫情的关键。

---

1 《谷物法》是英国 1815 年制订的限制谷物进口的法律，是为了保护英国农夫及地主，免受来自从外国进口生产成本较低的谷物的竞争。

1860 年间，150 万人因饥饿死亡，100 万人移居海外，爱尔兰于 15 年内损失了 1/3 的人口。

大饥荒是爱尔兰历史的分水岭，致病疫霉永久性地改变了岛上的人口、政治和文化结构。对于还生活在爱尔兰岛上的爱尔兰人和爱尔兰侨民来说，大规模饥荒使得他们与英国王室原本就已经很紧张的关系进一步恶化，为爱尔兰自治与爱尔兰统一运动敲响了钟声。

毒蝇伞

Amanita muscaria

超级玛丽的能量

毒蝇伞

Amanita muscaria

通红伞盖与雪白菌柄形成强烈对比，伞盖上还有雪白小点点缀——毒蝇伞的模样鲜明，常在二维图像中作为"蘑菇"的代表，例如在《超级玛丽》里，吃了会变大的超级蘑菇；在《蓝精灵》中，小精灵居住的蘑菇房子。毒蝇伞还常常出现在儿童绘本里。虽然毒蝇伞具有致命毒性，但是在西伯利亚，它仍然被巫师及维京人用于宗教仪式，借此产生幻觉与天神沟通。在 13 世纪的墨西哥，它也被用于通灵，预测未来。

无比灿烂的幻觉

毒蝇伞的英文俗名为 "fly agaric"（苍蝇伞菌）或 "fly amanita"（苍蝇鹅膏），种名 *"muscaria"* 来自拉丁文 *"musca"*，与 "fly" 一样，都是苍蝇的意思。为何会取"苍蝇"作为名称的一部分，对此有两种说法：一种说法是，据中古时期的迷信说法，若苍蝇钻进一个人的头里，那个人就会患精神疾病；另一种说法是，毒蝇伞曾被当作杀虫剂使用，用法是捣碎后加在牛奶里。毒蝇伞作为杀虫剂的记录，可在大艾尔伯图斯·麦格努斯（Albertus Magnus）1256 年出版的《论植物》（*De*

毒蝇伞

◆ 原生地（发现地）：
温带与寒带地区，亚热带地区的高山。

◆ 拉丁文名称原意：
Amanita 来自希腊文 amanitai，意思是"一种真菌"。*muscaria* 来自拉丁文 *musca*，意思是"与苍蝇有关的"。

◆ 危害或应用：
致幻。

vegetabilibus）中找到，当时在德国、法国及罗马尼亚都被广泛使用。1753 年，分类学之父林奈在其著作《植物种志》中记载并描述了毒蝇伞。

传说，位于波罗的海的立陶宛偏远地区，人们会把毒蝇伞与伏特加一起烹调，作为一道婚宴菜肴。立陶宛人还将毒蝇伞赠送给北欧与西伯利亚地区的萨米人（Sami），让萨米人把毒蝇伞用在萨满教仪式中。仪式开始时，萨米人食用毒蝇伞，进入迷幻恍惚的境界，借此与神灵沟通。西伯利亚东部的科里亚克人（Koryak），也流传着关于毒蝇伞的故事。在故事中，神明"Vahiyinin"（字面意思为"存在"）将口水吐到土壤中，变成了毒蝇伞，乌鸦得到毒蝇伞的力量后，便能够用爪抓起大鲸鱼。1736 年，菲利普·冯·史托兰伯（Philip von Strahlenberg）在《历史－地理描述：欧洲与亚洲的北部和东部》（*Historico-Geographical Description of the North and Eastern Parts of Europe and Asia*）中，写到科里亚克人利用一种被称为"慢老

神经毒

◆

毒蝇伞具有神经毒，主要成分是鹅膏蕈氨酸（ibotenic acid）、蝇蕈素（muscimol）与蛤蟆蕈氨酸（muscazone）。这些都是被称作异恶唑衍生物（isoxazole derivatives）的自然化合物，能毒害神经系统。

头"（俄语 mukhomor）的东西来"买醉"。这是已知记录西伯利亚萨满教仪式中使用致幻毒蝇伞的最早文献。

植物与真菌学家莫迪凯·库比特·库克（Mordecai Cubitt Cooke）的著作《睡眠七姐妹》（*The Seven Sisters of Sleep*）与《清晰易懂的英国真菌》（*A Plain and Easy Account of British Fungi*）中，都记载了吃下毒蝇伞中毒的现象。在故事中，"睡眠"有七个姐妹，分别为"烟草""鸦片""大麻""槟榔""古柯碱""曼陀罗花"与"毒蝇伞"。"睡眠"说道："我的梦境大臣会用他们的技巧帮助你们获得比我更强大的能力，让我曾经拜访过的所有凡人，所见之处都变得空前华丽，幻觉都变得无比灿烂。"

艺术家和文学家的最爱

毒蝇伞因其独特的外表，从 14—16 世纪的意大利文艺复兴时期开始，就出现在绘画作品中。从维多利亚时代的绘画创作中可以发现，在 19 世纪的英国，毒蝇伞经常和小仙子一起出现，这些画作受到了莎士比亚《仲夏夜之梦》的启发。

近代与毒蝇伞有关的其他著名艺术创作还有伊戈尔·玛卡雷维奇（Igor Makarevich）与埃琳娜·埃拉吉娜（Elena Elagina）分别于 2008 年在伦敦和柏林展出的《俄罗斯前卫蘑菇》（*Mushrooms of the Russian Avant-Garde*）。在这个作品里，艺术家以迷幻神奇蘑菇的形象，来隐喻弥漫在现代文化中的非理性，就像弥漫在古老文化中，神秘不可解释的仪式一样，令人目眩。展览中最重要的作品就是名为《弗拉基米尔·塔特林之塔》（*Vladimir Tatlin's tower*）的现代主义雕塑。这个"塔"由毒蝇伞造型雕塑的顶部长出，代表着俄罗斯具有远见的前卫思想与乌托邦的本质。1917 年，塔特林之塔原本计划在圣彼得堡建造，然而计划一直没有实现，而这座雕塑，就是利用毒蝇伞的意象来讽刺塔特林之塔是虚幻之塔。

　　出现毒蝇伞的有名作品实在不胜枚举，瑞典插画家约翰·鲍尔（John Bauer）的《侏儒和巨魔》（*Among Gnomes and Trolls*）、俄罗斯画家尼古拉·尼古拉-维奇·卡拉津（Nikolay Niko-laevich Karazin）的《雅加婆婆》（*Baba Yaga*），20 世纪乌克兰最著名的平面设计师海尔希·纳布特（Heorhiy Narbut）为童话故事《蘑菇战争》（*The War of Mushrooms*）画的插画……

　　1973 年，托马斯·鲁格斯·品钦（Thomas Ruggles Pynchon, Jr）在小说《万有引力之虹》（*Gravity's Rainbow*）中，描写毒蝇伞是一种与"毁灭天使毒菇"相关的蘑菇，还有采摘毒蝇伞来做饼干的情节。1897 年，在赫伯特·乔治·威尔斯（Herbert George Wells）的《紫色菌伞》（*The Purple Pileus*）中，怕老婆的库姆斯先生有一天决定吃毒蝇伞自杀，结果吃了蘑菇之后，库姆斯不但没有死去，竟还受到鼓舞，感觉到了力量。这个故事暗示了毒蝇伞不仅会产生幻觉，还能让男人重振雄风。

鬼鹅膏

Amanita virosa

毒鹅膏

Amanita virosa

毒鹅膏分布于欧洲，是一种致命毒蕈[1]，主要会破坏人的肝肾功能。由于毒鹅膏与某些可食用菇类，如橙盖鹅膏菌（*Amanita caesarea*）、草菇（*Volvariella volvacea*）等外形很类似，因此常被误食。历史上，根据中毒的症状与阴谋论，推测重要人物有可能死于毒鹅膏中毒的不止 1 例，例如罗马皇帝克劳狄一世，以及神圣罗马帝国皇帝查理六世。

毁灭天使

1727 年，法国植物学家塞巴斯蒂安·瓦扬（Sebastian Vai-llant）第一次描述了毒鹅膏，他写道："阴茎状的菇，一年出现一次，金黄带点绿色，菌伞能张开。"1803 年，克里斯蒂安·汉德里克·帕松（Christiaan Hendrik Persoon）将之命名为"萌芽鹅膏"（*Amanita viridis*），历经几次名称变化，最后在 1833 年由约翰·海因里希·弗里德里希·林克（Johann Heinrich Friedrich Link）命名为"毒鹅膏"。

---

1 有毒的大型菌类称毒蕈，亦称毒菌。

毒鹅膏

◆ **原生地（发现地）：**
温带与寒带地区。

◆ **拉丁文名称原意：**
Amanita 来自希腊文 amanitai，意思是"一种真菌"。*phalloides*，*phallo* 来自拉丁文 *Phallus*，意思是"男性生殖器"，或是希腊文 faloo，意思是"发芽、生长、膨大"。*ides* 来自 *eidos*，意思是"形状，样子"。*phalloides* 的字意就是，当菌伞还未张开时，形状像是男性的生殖器。

◆ **危害或应用：**
具有毒性。请勿自采自食野生蘑菇，以免发生误食中毒。

毒鹅膏也被称作"毁灭天使"（destroying angel），
但"死帽蕈"（death cap）是英文中最常用的俗名，由
英国医生托马斯·布朗（Thomas Browne）及克里斯托
弗·梅雷特（Christopher Merrett）提出。

"毁灭天使"指的是鳞柄白鹅膏（*Amanita virosa*），
也可以指双孢鹅膏菌（*Amanita bisporigera*），因为其外
表雪白，容易与洋菇混淆，所以误食的事件频传。这种
鹅膏就如同其俗名一般，美丽却又致命。

尼禄崛起

克劳狄一世非常喜欢吃橙盖鹅膏菌（又名恺撒蘑
菇），所以许多人臆测，他是误食了（或者在他人的预
谋下）与之外形相像的毒鹅膏而死。克劳狄一世是罗马
帝国朱里亚·克劳狄王朝的第四任皇帝，公元41—54
年在位。公元41年，前一任皇帝（罗马帝国的第三任
皇帝）遭到刺杀后，近卫军拥立克劳狄，并在元老院的
承认下，克劳狄继位为罗马皇帝。他在位时极力修补前
一位皇帝与元老议员之间破裂的关系，下放中央政治权
力至地方行省，促成了罗马帝国初期中央集权统治的和
平转移。

公元54年10月，克劳狄一世在一场家庭晚宴中因
食物中毒而死。当时，人们普遍怀疑是他的继子尼禄的
母亲阿格里庇娜下的毒。克劳狄一世死后，年仅17岁
的尼禄当上了罗马帝国皇帝，阿格里庇娜则"垂帘听
政"，处处限制、管控尼禄，尼禄最后忍无可忍，将阿
格里庇娜杀死。摆脱控制的尼禄就像脱缰的野马，恣肆

纵欲。

若不是因为这棵毒鹅膏，罗马帝国的历史或许会完全改写。

奥地利皇位的继承之战

神圣罗马帝国皇帝查理六世，有一天食用了一盘炒蘑菇后，出现了消化不良的症状，10 天后就过世了，过程与毒鹅膏的中毒症状相符。查理六世的猝逝，引发了奥地利的王位继承战争。

1711—1740 年是查理六世在位的时期，由于查理六世政治手腕平庸，不具备治国之术，国家缺乏人力，导致国力持续下降。但是，他培育了天资英敏的伟大女王马丽娅·特蕾莎（Maria Theresa）为继承人，甚至为了获得列强批准女性继承奥地利皇位，牺牲了许多重要利益。不过，查理六世死后，以法国、普鲁士、巴伐利亚为首的国家立刻不认账，于是奥地利皇位继承之战彻底爆发。幸运的是，最终胜利女神站在了特蕾莎这一边，她巧妙地使自己的丈夫弗郎茨·斯蒂芬继承了皇位。特蕾莎在战争中拯救了国家，被封为奥地利国母，后成为匈牙利和波希米亚的女王。虽然特蕾莎努力保住了皇冠，却也因为多方战事无暇顾及其他，矿产资源丰富的西里西亚公国被普鲁士夺走，帕尔马公国则给了西班牙。统治的版图因而改变。

> *Ce plat de champignons changea la destinée de l'Europe.*
>
> "欧洲的命运被一盘蘑菇改变了。"
>
> 伏尔泰（Voltaire），《回忆录》（Mémoires）

麦角菌

Claviceps purpurea

巫师的黑暗咒语

麦角菌

Claviceps purpurea

麦角（ergot）是谷类作物。如小麦被真菌感染后所形成的黑色麦角菌硬粒就含有复合生物碱，食用后身体内部会出现循环与神经传导问题。麦角中毒（ergotism）可引起一系列令人痛苦的副作用。刚开始会出现相对温和的症状，如头痛、全身发烫及皮肤瘙痒，之后会产生痉挛、抽搐、意识障碍，出现幻觉和精神病症。更严重的情况是，身体组织会出现物理性副作用，例如失去末梢神经感觉能力、全身肿胀、出现水疱、干性坏疽，最后甚至会死亡。现在，历史学家猜测过去的一些奇怪事件，可能都是因为人们误食黑麦角菌导致中毒引起的幻觉，中毒症状也可能引发狼人、女巫与地狱景象等恐怖传说。

诅咒、中邪，还是天启？

公元 944 年，法国中南部发生了"火疫病"（fire plague），得病后会因为身体循环降低，导致四肢末端坏疽、"木乃伊"化。由对病症的描述及感染途径与规模，几乎可以断定是"麦角病"引起的。之后的 600 年间，随着战争和饥荒，这种病在欧洲发生了无数次，尤

麦角菌

◆ 原生地（发现地）：
世界各地都有发现，但是主要在欧洲与非洲。

◆ 拉丁文名称原意：
Claviceps，*Clavi* 来自拉丁文 *clava*，其英文单词是 "club"，意思是 "棒状构造"。-*ceps* 则是由其外形而来，意思是英文单词 "head"（头）。
purpurea，紫色。

◆ 危害或应用：
引起严重中毒反应。

其以法国最为严重，史料中充斥着四肢脱落而死、活体腐烂发出恶臭，或整个村庄居民同时中毒等骇人听闻的记载。

17世纪前，人们把麦角中毒的流行视为上帝惩罚人类的举动，人们应对的方法是用圣火烧掉受罚者的四肢。麦角病至今仍有"圣安东尼之火"（St Anthony's fire）的别名。舞蹈狂（dancing mania）又有舞蹈疫（dancing plague）、圣约翰的舞蹈（St John's Dance）、圣维图斯的舞蹈（St. Vitus' Dance）等别名，是14—17世纪主要发生在中欧的一种普遍现象。当麦角病发作时，通常是一群人开始不正常地舞蹈，有时多达上千人，无论男女老幼，所有人日夜舞蹈，直至精疲力竭而倒下。中毒事件往往出现在洪水或是多雨季节，而潮湿的季节正适合麦角菌生长。因此根据种种线索推断，麦角中毒引起的幻觉和抽搐是最有可能的解释。

舞蹈狂事件的最早记录出现在1020年。德国贝恩堡有18个农夫忽然围着教堂唱歌跳舞。1237年，一大群小孩从爱尔福特步行到阿恩施塔特，全长约20千米，一路上不间断地又是跳跃又是跳舞，和童话故事《吹笛人》（*Pied Piper of Hamelin*）中的描写不谋而合。1278年，大约有200人在德国莫兹河的桥上跳舞，直到所有人都倒下为止。舞蹈狂大规模流行发生在1373—1374年，横扫英国、德国、荷兰、比利时、法国、意大利与卢森堡，之后陆陆续续发生在欧洲各地。直到17世纪，舞蹈狂突然就消失了。

12—16 世纪，欧洲盛行"女巫审判"。发生群众集体追捕与审判女巫的部分地区，都是以极度容易感染麦角菌的黑麦为主食，而当地人发了疯一样去追杀女巫，类似"被诅咒"的症状，也与麦角中毒一致。因此，虽然没有直接的历史考证，但是间接证据已足以解释，人们歇斯底里追杀女巫，其实是吃了麦角菌而中毒的缘故。

18 世纪 30—40 年代，新英格兰的殖民地发生了"第一次大觉醒"事件，当时人们认定集体都接收到了神的旨意，在这个过程中，不少人看到了异象，并解释为是神传达的讯息。然而，根据描述，这应该又是另一次集体麦角中毒事件。

麦角的医药用途

自人类开始农耕，麦角菌就悄悄伴随。根据记载推测，黑瘟疫疾病流行发生的原因，也是因为麦角生物碱等毒素污染了面包，而人们浑然不觉并长期食用毒面包，从而导致疫病的发生。直到 1765 年，西蒙·安德烈·天梭（Simon Andre Tissot）提出麦角中毒的罪魁祸首是麦角菌，自此，人们才渐渐了解这种致病真菌。

16 世纪末，首次出现把麦角当作草药使用的记录。欧洲助产士用麦角菌核来加速分娩，产妇食用后，可以缩短数小时的分娩时间。19 世纪，美国医生约翰·斯特恩斯（Dr. John Stearns）也提出了麦角的催产作用。许多麦角生物碱或其衍生物已经作为药物而使用——酒石酸麦角胺是一种解热镇痛剂，作用于中枢神经系统，可缓解偏头痛；溴隐亭，麦角碱的衍生物，可以抑制激素的过量分泌，用于治疗肢端肥大症和高催乳素血症。溴隐亭也可治疗帕金森病，作用就和多巴胺一样，能直接作用于脑细胞，因而改善帕金森病的症状。

粗壮芨芨草（*Achnatherum robustum*）里的麦角菌内生菌，可以帮助睡眠。北美洲和中美洲印第安人会使用粗壮芨芨草作为安眠药和睡眠诱导剂。真正使用粗壮芨芨草的历史可能更久远，从早期的玛雅文化开始，约至公元前 2500 年的玛雅帝国一路传承下来，直到现今的中美洲。

迷幻 LSD

◆

艾伯特·霍夫曼（Albert Hofmann）在瑞士山德士药厂工作，负责研发娱乐性药物，他的开发对象正是麦角碱。1943 年 4 月的一天，霍夫曼在实验室里头昏眼花，怀疑是某种物质通过皮肤被吸收，进而发现了 LSD25。LSD 是"麦角二乙酰胺"（德文 lysergsäure-diäthylamid）的简称，是一种强烈的半人工致幻剂。经过一系列实验之后，LSD 很快就传遍世界各地，开启了"迷幻时代"。

光盖伞

Psilocybe semilanceata

与神明共舞

光盖伞
Psilocybe semilanceata

光盖伞（又名暗蓝裸盖菇）被称为"迷幻菇"（psy-chedelic mushrooms）或"神奇菇"（magic mushrooms）。然而，迷幻菇其实是可以引起迷幻效果的菇类统称。迷幻菇可能会让人产生陶醉感，并改变思维过程[1]，会带来封闭式或开放式的视觉效果，能改变人们对于时间的感知，让精神的体验发生变化，甚至会让人产生联觉（synesthesia）——一种两个或两个以上的知觉（视觉、听觉、嗅觉、触觉等）统合的神经现象。

穿越文明的光盖伞

秘鲁莫切文化（Peruvian Moche）出土的公元前800年至公元前100年的陶瓷作品中，有个很特殊的人头造型的容器，其帽子里长出了一朵非常写实的光盖伞，挂在他的前额中间。同样的光盖伞图案，也出现在其他莫切人的陶瓷作品中。

有个出土于墨西哥纳亚里特州的陶瓷小物件，造型

光盖伞

◆ 原生地（发现地）：
温带地区及热带与亚热带几千米的高山上。

◆ 拉丁文名称原意：
Psilocybe 来自古希腊文psilos，意思是"平滑"；再加上 *cybe* 的意思是"头"，所以 *Psilocybe* 的意思就是"滑头"。
semilanceata，*semi* 的意思是"半"，*lanceata* 来自拉丁文 *lancea*，后演变成古法文 lance，最后变成中世纪英文 launce，意思是"枪矛"。

◆ 危害或应用：
致幻。

---

1 思维过程 (Thinking process)：思维包括分析、综合、比较、抽象、概括判断和推理等基本过程。

是一个人坐在光盖伞上。另外，在韦拉克鲁斯地区的腾内特潘（Tenenexpan）也发现了一件制作于公元300年的文物，是一个大得不成比例的菇类，矗立在一个表情严肃的人的身旁，那人左手摸着菇，右手指向天空，仿佛在祈祷。在墨西哥科利马州的古代墓室中，有一座约在公元200年建造的雕像，上面清楚地雕出了墨西哥裸盖菇（*Psilocybe mexicana*）。墨西哥裸盖菇被阿兹特克人称作"神菇"（纳瓦特尔语 teonanácatl）。据说，在阿兹特克统治者蒙特祖马二世（Moctezuma II）的加冕仪式上，就使用过神菇。

据记载，美洲在被哥伦布发现之前，美索亚美利加人（Mesoamérica）在宗教交流、占卜和治疗中也会使用迷幻菇，食用迷幻菇后，人会产生不同的幻觉，并出现异常行为。西班牙人占领该地之后，认为阿兹特克

迷幻菇

◆

有非常多种类的菇具有迷幻作用，包括灰斑褶菇属（*Copelandia*）、盔孢伞属（*Galerina*）、裸伞属（*Gymnopilus*）、丝盖伞属（*Inocybe*）、小菇属（*Mycena*）、斑褶菇属（*Panaeolus*，又名花褶伞属）、光柄菇属（*Pluteus*）及裸盖菇属（*Psilocybe*）。其中，仅裸盖菇属就超过100种，它们含有裸盖菇素（Psilocybin）及二甲4羟色胺（Psilocin）2种会产生迷幻效果的物质，也都具有毒性。

人通过迷幻菇与魔鬼沟通，食用迷幻菇后，人会产生不同的幻觉，并出现异常行为。在一些偏远地区，使用迷幻菇的传统仍被保留下来。最早对于人类食用迷幻菇的文献描述，见于 1799 年英国伦敦出版的《伦敦医药暨生理期刊》（*London Medical and Physical Journal*），其中描述了一个不小心在伦敦绿园采食光盖伞的人出现的症状。

沃森奇遇记

摩根大通公司前副总裁罗伯特·戈登·沃森（Robert Gordon Wasson）是历史上第一位"民族真菌学者"（ethnomycology）。1927 年，沃森和新婚妻子蜜月旅行时，在卡茨基尔山脉（Catskill Mountains）发现了一种食用菇类。沃森的妻子歌肯是俄罗斯一名儿科医生，她被这种菇燃起了兴致，与沃森共同写下《蘑菇、俄国和历史》（*Mushrooms,Russia and History*），并于 1957 年发表，法国人类学家克洛德·列维－斯特劳斯（Claude Lévi-Strauss）赞其开辟了崭新领域，即"民族真菌学"。

在《蘑菇、俄国和历史》中，沃森记载了他和同伴于 1955 年 6 月底，在马萨特克人的夜间仪式上食用了致幻蘑菇后的神奇反应："他看到了几何形状的彩色图案，接着变成建筑形状，然后是彩色柱廊、镶嵌珍贵珠宝的宫殿、由神话动物拉着的凯旋车辆，以及令人难以置信的华丽景象。精神脱离身躯，翱翔在幻想的王国中，超越世俗世界，存在于含义深刻的无形世界中。"

1953 年，沃森与理查德·埃文斯·舒尔特斯（Richard Evans Schultes）博士前往墨西哥瓦哈卡州进行考察。沃森说服了瓦哈卡州的马萨特克女医生萨宾娜，请她参与治疗仪式。萨宾娜同意沃森拍照，不过再三告诫他不能公开照片，但沃森仍于 1957 年 5 月在《生活》（Life）杂志上发表了这趟奇遇之旅，题目为《寻找神奇蘑菇》（Seeking the Magic Mushroom）。这篇文章首次揭开了迷幻菇的神秘面纱，并为广大读者普及了迷幻菇的相关知识，引起了美国"嬉皮士"对马萨特克仪式的兴趣，同时也造成了马萨特克的灾难。想要体验迷幻菇的西方人涌入马萨特克社区，而萨宾娜也被墨西哥警方盯上，认为她有贩毒的嫌疑。最终，马萨特克传统仪式受到被禁止的威胁，而马萨特克社区为此指责萨宾娜，将她的房子烧毁，并将其逐出社区。

1983 年，沃森将其收藏品共 4 000 余件捐给了哈佛大学植物学博物馆，建立了世界上唯一的"民族真菌学"图书馆。

Part 4

真菌简史

洋菇
Agaricus bisporus

众神的食物

洋菇
Agaricus bisporus

　　洋菇又名双孢蘑菇，是第一种被工业化大量生产的食用菇类。现在，洋菇已经出现在许多菜肴中，成为一种无可替代的食材。洋菇具有很高的营养价值，它丰富了我们餐桌上菜品的多样性，也改变了人类的饮食历史。

营养又美味

　　周六早上，文森前往巴黎 20 区的市场，挑选了一些新鲜蔬菜水果、马铃薯，以及一盒 6 欧元[1] 的雪白洋菇。他步行回到两个街区外的公寓顶楼，准备为中午即将到访的朋友们煮一道美味的蘑菇浓汤，并做一些清新爽口的沙拉。这看似悠闲的早晨与简单的菜肴，如果在 17 世纪前，文森必须穿着雨衣雨鞋，在雨中花上一整天的时间，蹲在靠近牧场的草地上，寻找野生的洋菇。因为那时只有多雨的秋天，才可以寻找到洋菇。

　　洋菇在未成熟阶段有着浅棕色或是雪白色的外表，形状又圆又厚，非常讨喜。因为其外形的缘故，又常被

洋菇

◆ 原生地（发现地）：
欧洲与北美洲。

◆ 拉丁文名称原意：
Agaricus，来自拉丁文 *agaricum*，而这个拉丁文来自古希腊文 agarikon，意思是 "伞菌"。
bisporus，来自古希腊文 spora，意思是 "孢子"，"*bi-*" 的意思是 "两个"。所以整个单词的词义是 "有两个孢子"。

◆ 危害或应用：
食用。

1　1 欧元 ≈ 7.76 元人民币，2020 年。

称为"纽扣蘑菇"。洋菇是最常见的食用菇类之一，也是西方菜肴中经常使用的食材。

洋菇是极少数可以生吃的蘑菇，所以常用来与其他生菜一起制作沙拉。无论是意大利面、酱汁、汤类、法式咸派还是早餐，洋菇都是不可或缺的食材。

洋菇除了风味独特深受老饕们喜爱，还含有许多有益健康的营养成分，如维生素、矿物质、糖类与蛋白质。

命名之争

中文称双孢蘑菇为"洋菇"，是因为这种蘑菇是从西方国家引进的。洋菇在不同生长阶段有着不同的名称。

刚长出时，菌伞还没打开的洋菇，被称为"纽扣蘑菇"或"白菇"。人们通常把浅棕色的洋菇称为"双孢蘑菇"或是"棕菇"。由于洋菇已经深入西方饮食文化，所以还拥有许多亲切的昵称，如小波多贝罗（baby portobello）、小贝拉（mini bella）或是波多贝尼（portabellini）。

当洋菇长大一点，菌伞盖打开后，人们便称它为波多贝罗（portobello）。叫这个名字的原因已不可考究，最普遍的说法是，洋菇是从法国传到英国的，最初是在伦敦的波多贝罗市场被卖，因此便把市场的名字用到了洋菇身上。当时的波多贝罗市场专门贩卖一些稀奇古怪的东西，而对当时的英国人来说，在反季节可以买到洋菇，的确是一件很稀奇的事。

洋菇在命名上也有地缘之争，法国与意大利都宣称自己是最初种植洋菇的国家，因此洋菇在意大利被称为"罗马菇"或"意大利蘑菇"，在法国则被称为"巴黎蘑菇"。不过，根据文献记载的完整程度，法国可能是最初种植洋菇的国家。

洋菇的营养价值

◆

洋菇除了可以提供硒、铁、锌等微量元素，还含有大量不同的维生素，如 B 族维生素、维生素 C 与维生素 D。略带棕色的洋菇含有较多的维生素 D，而且颜色越深含量越高。在欧洲早期，洋菇因为容易种植且成本较低，人们便用它来代替肉类的营养来源，尤其是缺乏日光照射的冬天，来自洋菇的维生素 D 就更显珍贵。

洋菇的全球之旅

人类很早就开始在野外采集洋菇，作为营养补充品来食用。在不能人工种植的时代，洋菇是珍贵且难得的食材。因此，埃及人的祖先相信，洋菇是获得永生的关键；古罗马人则认为，洋菇是来自众神的食物，高贵且神秘。

根据文献记载，神秘的野生洋菇起源于欧洲。后来真菌学家在北美洲草原也发现了原生种洋菇的踪迹。在欧洲，洋菇是最早人工种植的菇类，约在 1650 年，法国巴黎出现了人工种植的洋菇。当时是利用地窖来种植洋菇，直到现在，这个方法仍然在沿用。

从 1707 年起，开始有实际记载的商业化洋菇种植。当时的法国植物学家约瑟夫·德·图内福尔（Joseph Pitton de Tournefort）发现，在牧场边的马粪堆上会长出洋菇，就以堆积发酵的马粪堆肥，作为种植洋菇的基质。在每一次采摘之后，将表层的旧马粪堆肥移除，再覆上一层新鲜的马粪堆肥，并利用地窖的天然恒温环境持续种植。1893 年，法国巴黎的巴斯德研究所（Pasteur Institute）进一步研发出良好的菌种保存技术，也让洋菇的种植与质量趋于稳定。近代，洋菇种植已经转移到专门设计的菇舍，人们控制好温度和湿度，并加上种植立体化的栽培床，由此大大增加了洋菇的产量。当然，现在已经不用马粪来种植洋菇了，而是改用废弃的麦秆、稻秆等有机废弃物来制作堆肥。

1731 年，法国的洋菇种植方法传到了欧洲其他国家；19 世纪时，又由英国传到了美国。到了 1914 年，美国开始工业化生产洋菇，洋菇这才开始出现在美国人的餐桌上。浅棕色的双孢蘑菇是洋菇的原始种，现在常见的雪白洋菇，则是在 1926 年由美国宾夕法尼亚州的一位菇农发现的。当时这位菇农在种植浅棕色的洋菇时，发现了一朵白如雪的洋菇，就将之留下扩大栽培，没想到大受欢迎。

直到 1950 年，中国台湾才出现洋菇种植，农业试验所开发了堆肥制作技术。中国台湾也是第一个在温带以外地区成功种植洋菇的地区。

20世纪60年代，有大量菇农投入到了种植洋菇的行列，这是中国台湾种植洋菇的辉煌年代，出口了各式各样的洋菇罐头产品。后来，中国大陆与韩国渐渐开始大量生产洋菇，再加上中国台湾菇类种植越来越多样化，才导致洋菇种植渐渐式微。

现在，洋菇已是世界上人工种植最普遍的菇类，在超市的生鲜蔬果区就能轻易找到。

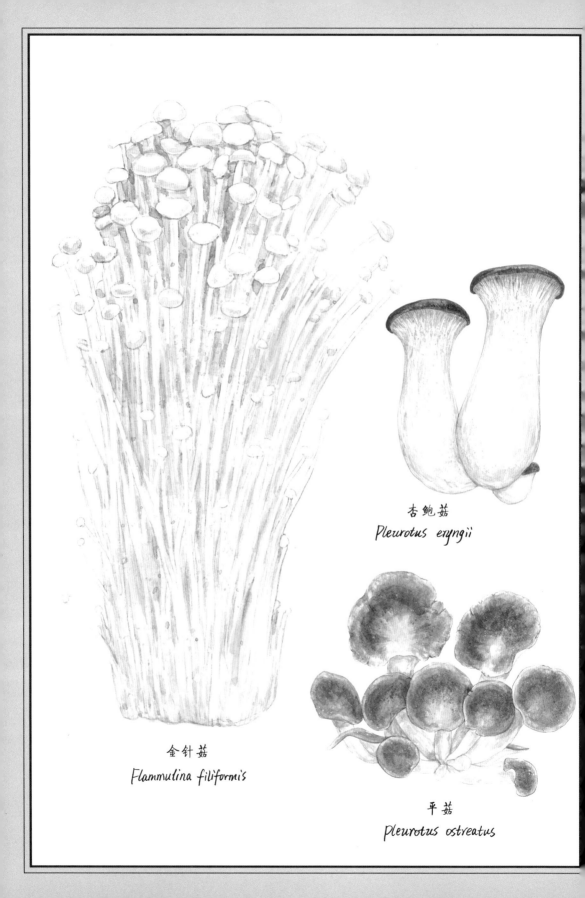

杏鲍菇
Pleurotus eryngii

金针菇
Flammulina filiformis

平菇
Pleurotus ostreatus

菇中鲍鱼

金针菇、平菇与杏鲍菇

Flammulina filiformis, Pleurotus ostreatus & Pleurotus eryngii

随着养殖菇技术的发展，如今可以人工种植的菇类已有很多种。在这章中，除了介绍金针菇外，还会介绍其他养殖菇类的来源与历史，如平菇与杏鲍菇。

杨柳树上的精灵 —— 金针菇

金针菇的学名曾是"*Collybia velutipes*"，别名是金丝菇、金菇、绒柄金钱菌、菌子等，俗名为"黄金菇""冬菇"。日本则称之为"榎（jiǎ）茸"。

金针菇自古有"秋荓"的美名，原野生于中国北方，因黄褐色且细长的子实体而得"金针"之名，在原野森林中一年只能一收，非常珍贵。现在，金针菇经由人工选出颜色雪白的白变种，且利用室内栽培，一年四季都可以买到。

金针菇不仅是栽培历史悠久的食用菇，而且营养丰富，具有广泛的药用价值。金针菇含有抗氧化的超氧化物歧化酶（SOD），并富含氨基酸、维生素、糖蛋白及多糖等物质，其子实体及菌丝体均可入药，可用于预防

金针菇

◆ 原生地（发现地）：
中国北方。

◆ 拉丁文名称原意：
Flammulina，来自拉丁文 *flammeus*，意思是"小火焰"，指的是子实体的颜色。

velutipes，结合了两个拉丁字，分别是：*velutinus*，意思是"覆盖着纤细的绒毛"；*pes*，意思是"脚"，所以两字加起来指的是多毛的菌柄基部。

◆ 危害或应用：
食用。

和治疗肝炎、胃肠溃疡，并有降血清胆固醇的效果，甚至有抗癌的作用。

据韩鄂 996 年所著的《四时纂要》记载，金针菇有可能早在公元 800 年（唐朝）就在中国栽培，如今种植的地区除了中国外，已分布世界各地。

在自然界中，金针菇会生长在一些落叶树上，例如杨树、杨柳、榆树、梅树、枫树或桦树，在低温（-2 ℃～ 14 ℃）与低光照的时候出菇。金针菇原生于中国北方，其人工栽培的方法是在传入日本之后才得以普及的。

1928 年，森本彦三郎在京都，把木屑和米糠装在玻璃瓶里，用来栽培金针菇。1950 年，日本长野县的养殖户发明了用聚丙烯瓶或聚丙烯袋作为装填容器。这种生产方法在日本越来越流行。到了 20 世纪 60 年代，人们都开始使用聚丙烯瓶。在栽培金针菇的早期，日本是金针菇养殖大国，产量世界第一，不过从 20 世纪 90 年代初开始，中国的金针菇产量超过了日本。1995 年，中国的生产量达到了 20 万吨左右，且年年持续上涨。其他国家的生产总量也一直在提高，例如 20 世纪 90 年代后期，美国金针菇的产量增加了 25% 以上。除了木屑之外，栽培用的基质多是农业残余物，例如玉米芯、棉籽皮或是甘蔗渣等。

在中国台湾，金针菇的栽种最早可以追溯至 1950 年左右。金针菇喜欢低温环境，所以需要栽种在温控环境中，再加上太空包栽培技术，一年四季都可以生产，为当时中国台湾的养菇产业创下了辉煌历史。

《四时纂要》

◆

《四时纂要》共五卷，作者韩鄂，成书于唐末，初刊于北宋至道二年（996年），已经失传。不过，1960年，日本发现了明万历十八年（1590年）朝鲜重刻版。内容主要引自《齐民要术》（544年），并有韩鄂本人的注解。《四时纂要》是以"月令"[1]的形式作为编排方式，其中农业相关内容占了大半，茶树、棉花及菇类的栽培技术和养蜂方法更是首次出现在这本历史文献中。由此可见，《四时纂要》在农业上对后世非常重要。

菇中牡蛎：平菇

平菇又称鲍鱼菇。原生平菇在自然界的分布遍及大部分欧洲、亚洲与北美洲地区。种植平菇可利用既有的农业废弃物材料，不但对菇业的发展有助益，还能把农业有机废弃物有效转化为食用材料。

1775年，科学家第一次正式描述了平菇。荷兰的博物学家尼古劳斯·约瑟夫·冯·雅坎（Nikolaus Joseph von Jacquin）将之命名为"牡蛎蘑菇"（*Agaricus ostreatus*），当时的真菌分类把大部分有菌褶的菇类都归于蘑菇属。

1　月令以四时为总纲、十二月为细月，以时记述天文历法、自然气候等，政府管理者以此来安排生产生活的政令，故名"月令"。

1871 年，德国真菌学家保罗·库默尔（Paul Kummer）将平菇转到自己建立的新属——侧耳属（Pleurotus）中。由于平菇的栽培技术门槛低，且容易种植，所以在世界各地已经有商业化的生产栽培，其中包括西欧一些国家，美国，亚洲的中国与印度。在中国台湾，生产技术早已利用太空包的方式，取代了原本的麦秆或稻草堆肥栽种。

菇中鲍鱼：杏鲍菇

杏鲍菇又名刺芹侧耳，在欧洲被称为平菇王、意大利蚝菌、小号王、法国号、棕菇王或草原牛肝菌。原产于欧洲、中东和北非的地中海地区，在亚洲的许多地方也发现了杏鲍菇。

杏鲍菇与其他同属（侧耳属，侧耳属大部分是木腐生）的菇类不同，是生长于亚热带草原的典型菇类。杏鲍菇于春末至夏初时，腐生或寄生于胡萝卜家族的植物（伞形花科植物，属草本或半灌木植物），例如刺芹的根部和周围的土壤中。

杏鲍菇的种类很多，依据其所附生的植物来区分。1872 年，法国真菌学家吕西安·奎莱（Lucien Quélet）将命名者纳入杏鲍菇的拉丁名称。例如以奎莱为名的杏鲍菇（*Pleurotus eryngii*），指的就是与刺芹属植物共生的杏鲍菇。以皮尔·安德烈·萨卡多（Pier Andrea Saccardo）为名的，就是与大茴香共生的杏鲍菇（*Pleurotus eryngii* var. *ferulae*）。还有与廷吉塔纳阿魏

（*Ferula tingitana*）共生的杏鲍菇（*Pleurotus eryngii* var. *tingitanus*）（2002年），以及与橄榄亮蛇床草（*Elaeoselinum asclepium*）共生的杏鲍菇（*Pleurotus eryngii* var. *elaeoselini*）（2000年），与毒胡萝卜草（*Thapsia garganica*）共生的杏鲍菇（*Pleurotus eryngii* var. *thapsiae*）（2002年）。

经过多年的尝试，杏鲍菇的栽培技术日臻成熟，质量与产量稳步提高，价格也趋于亲民。除了菇体可食用，太空包里含菌丝的培养基还被饲养甲虫的玩家拿来喂食幼虫。

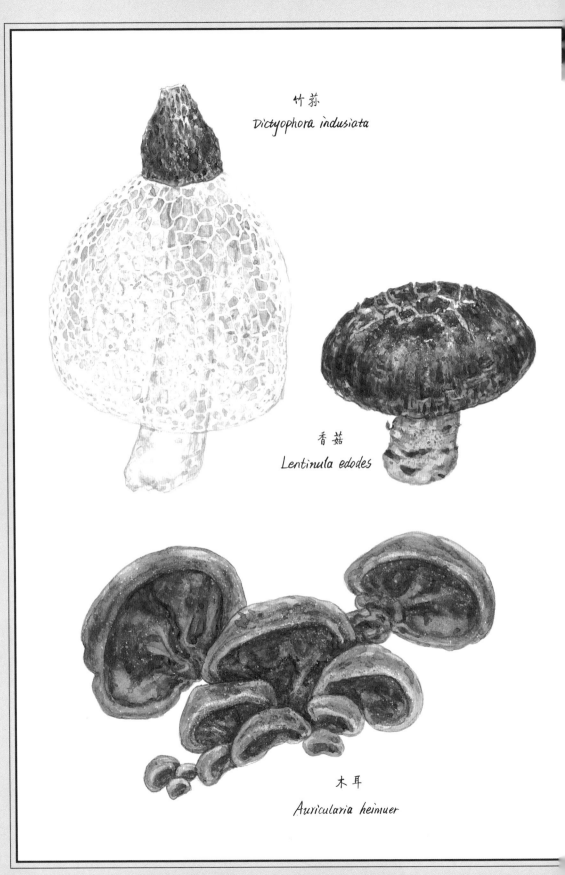

竹荪
Dictyophora indusiata

香菇
Lentinula edodes

木耳
Auricularia heimuer

香菇、木耳与竹荪

Lentinula edodes, Auricularia heimuer & Dictyophora indusiata

美味素鲜：香菇

香菇又名冬菇、香蕈或椎茸，异名为槠竹硬菇（*Lentinus shiitake*）。香菇的科学命名始于 1877 年，柏克莱将之命名为可食伞菌（*Agaricus edodes*）。之后在 1976 年，戴维·佩格勒（David Pegler）将之改置于硬菇属（*Lentinus*，又名香菇属）。

香菇应该是中国台湾最熟悉的菇，它是重要的南北货[1]，在东方饮食中扮演着重要角色。1909 年，中国台湾在埔里用段木法[2]成功种植出香菇，到 1970 年发展出用太空包的方式种植香菇。

日本关于菇类的种植记载中，比较明确地记录了香菇的种植历史。佐藤成裕于 1796 年撰写的《惊蕈录》

香菇

◆ 原生地（发现地）：
东亚、东南亚和南亚的温带和亚热带地区。最早的人工栽培起源于中国。

◆ 拉丁文名称原意：
Lentinula，Lentus 是拉丁文，有 "强硬" 的意思。*edodela，ed-* 的意思是 "吃"，*de-* 的意思是 "离开与去除"。

◆ 危害或应用：
食用。

---

1 南北货是指货品的产地，产于南方或北方，则被称为南货或北货。

2 段木法培育香菇是日本人发明的，在占据中国台湾时引进，1909 年率先在埔里种植成功。

是日本最早记录香菇种植的文献。当时的做法是在长有香菇的段木附近，再放上削去树皮的新鲜段木，以便让空气中的孢子感染。香菇栽种者最常使用的段木树种，是长尾尖叶槠，而香菇的俗名就是来自这种树。香菇种植自那时就扩大了。1943 年，森喜作博士将菌养在木钉上，然后插入段木上钻好的孔中来接种。日本改良了香菇的种植方法，并将之推广。之后，香菇袋种植迅速取代了段木种植。

1982 年改良了香菇种殖的方法后，香菇产量大增。据 1983—1984 年的统计，全球有 2/3 的香菇产自日本，但是现在都已移往中国，中国的产量占据了全球的 80%。

不仅在亚洲，香菇种植已经传到世界各地，占菇类

香菇命名的历史

◆

1878 年｜可食伞菌	*Agaricus edodes* (Berk.)
1886 年｜槠竹金钱菌	*Collybia shiitake*（J. Schröt.）
1887 年｜可食蜜环菌	*Armillaria edodes* (Berk.) Sacc
1889 年｜槠竹环柄菇	*Lepiota shiitake* (J. Schröt.) Nobuj. Tanaka
1890 年｜东京硬菇	*Lentinus tonkinensis* (Pat.)
1891 年｜可食乳白菌	*Mastoleucomyces edodes* (Berk.)
1899 年｜槠竹小丝膜菌	*Cortinellus shiitake* (J. Schröt.) Henn.
1918 年｜槠竹口蘑	*Tricholoma shiitake* (J. Schröt.) Lloyd
1918 年｜蜜硬菇	*Lentinus mellianus* Lohwag
1936 年｜槠竹硬菇	*Lentinus shiitake* (J. Schröt.) Singer
1938 年｜可食小丝膜菌	*Cortinellus edodes* (Berk.) S. Ito & S. Imai
1941 年｜香菇	*Lentinula edodes* (Berk.) Singer

年产总量的比重达到了 25%，甚至在芬兰的北极圈内，都有种植香菇的菇场。

背叛之证：木耳

木耳属于担子菌门胶质菌类中的木耳属，外形似耳状，故名木耳。它属于腐生真菌，常见生长在腐朽的阔叶树树干上，也常见于中国古籍中，《神农本草经》就收录了"五木耳"。

木耳是《本草纲目·菜部》的主角，可见其重要性。李时珍在《本草纲目》中记录了唐代苏恭所说："桑、槐、楮、榆、柳，此为五木耳，软者并堪啖。楮耳人常食，槐耳疗痔。煮浆粥安诸木上，以草覆之，即生蕈尔。"说明长在不同树种上的是不同种类的木耳，人们常吃的楮耳（黑木耳）是长在楮木上的。

一开始，木耳是用段木栽培，直到 20 世纪 80 年代，中国台湾的菇农开始用太空包栽培方法来种植

木耳

◆ 原生地（发现地）：世界各地。最早人工栽培的技术起源于中国。

◆ 拉丁文名称原意：*Auricularia*，*auri-* 的意思是"耳朵"，*-cularia* 的意思是"吃"。*auricula-judae, Judae* 指的是"犹大"（Judas），是耶稣的十二门徒之一。

◆ 危害或应用：食用。

犹大的耳朵

◆

据传说，犹大背叛耶稣后在一棵老树上吊自杀，那棵树上从此就长出黑木耳，提醒世人犹大的罪行。因此，木耳的通用名称最初是"犹大的耳朵"，到了 19 世纪后期，又被改成"犹太人的耳朵"。虽然这个命名因为有歧视犹太人的意味而备受争议，却还是一直沿用了下来。

木耳。

最初在科学文献里，木耳被称为"颤耳"（*Tremella auricula*），最早出现在林奈所著的《植物种志》中。1789 年，让·巴普蒂斯特·弗朗索瓦·皮埃尔·布利亚德（Jean Baptiste François Pierre Bulliard）将其改名为"犹大颤耳"（*Tremella auricula-judae*）。

然而，"颤耳"这个属名现在已经用到了其他真菌上，1791 年，布利亚德又将黑木耳归类到盘菌属（*Peziza*）。1822 年，伊莱亚斯·马格努斯·佛莱斯（Elias Magnus Fries）将其转到黑耳属（*Exidia*），从此变成了正式名称。1860 年，柏克莱又将之归为脑形菌属（*Hirneola*）。直到 1888 年，约瑟夫·梭罗德（Joseph Schröter）为黑木耳命名之后，才一直沿用至今。

白纱遮面：竹荪

竹荪又称长裙竹荪、竹笙与臭角菌等，分布很广，但只有中国有食用记录，最早见于 1866 年（清同治五年）成书的食谱抄本《筵款丰馐依样调鼎新录》中，其中有几样菜用到了竹荪，例如"凉拌竹荪"与"竹荪鸭子"。竹荪多长在竹林里，有时阔叶林也会有其踪迹，从出菇到腐烂只有短短一两天。之所以称其为臭角菌，是因为其子实体黑色顶部会有腐臭味，可吸引昆虫停驻，有利于孢子传播。

竹荪最早的文字记录出现在唐朝段成式所著的《酉阳杂俎》中，其中有这样的描述："竹林吐一芝，长八寸，头盖似鸡头实，黑色，其柄似藕柄，内通中空，皮质皆洁白，根下微红。"

1798 年，在西方，法国博物学家艾蒂安·皮埃尔·旺特纳（Étienne Pierre Ventenat）第一次为竹荪命名。1801 年，帕松认同了这一名称并加以使用。1809 年，尼凯塞·奥古斯特·德沃（Nicaise Auguste Desvaux）将这类真菌独立置于一个属，也就是"竹荪属"（*Dictyophora*）。1817 年，克里斯蒂安·戈特弗里德·丹尼尔·尼斯·冯·埃森贝克（Christian Gottfried Daniel Nees von Esenbeck）把竹荪另归入"粉托鬼笔属"（*Hymenophallus*）。最后，"竹荪属"与"粉托鬼笔属"都被归为"鬼笔属"，成了同义词。

除了经常能在干货行看到的竹荪（或长裙竹荪），还有一种"黄竹荪"（*Dictyophora multicolor*，又指多色竹荪），外观与竹荪很相似，容易混淆。"黄竹荪"的菌幕是黄色的，这一特点可以把两者区分开。黄裙竹荪有毒性，不可食用。

以前，竹荪都是野生采摘，数量稀少而珍贵。20 世纪 80 年代，中国发展出了人工栽培技术，将竹荪与玉米一起种植，现在已经能大量生产，更让市场价格变得比较平民化。人工栽培的竹荪种类也变得多样，有长裙竹荪、短裙竹荪、棘托竹荪与红托竹荪等。

竹荪

◆ 原生地（发现地）：
北美洲、非洲、澳洲及亚洲。最早人工栽培技术起源于中国。

◆ 拉丁文名称原意：
Dictyophora，Dictyo 来源于古希腊文 diktyon，有"撒（网）"的意思。*-phora* 来自希腊文 phōr，意思是"产生"。所以，*Dictyophora* 的意思是"产生网"。
Indusiata，来源于拉丁文形容词 *indūsiātus*，意思是"穿裙子内衬"。

◆ 危害或应用：
食用。

松茸

Tricholoma matsutake

父不传子的秘密

松茸

松茸、牛肝菌、羊肚菌和鸡油菌为四大菌王

Tricholoma matsutake

　　松茸被称为"万菌之王"，别名为松口蘑、松蕈，是珍贵的天然野生菇，也是四大菌王之首。但因为松蕈长久以来被大量采摘，再加上原本的栖息地环境遭到破坏，使得松茸的数量越来越少，变得弥足珍贵。相传因为松茸实在太珍贵了，知道采集地点的父亲就连自己的儿子也不愿透露相关信息。

松茸的历史

　　中国清朝的袁枚，人称随园先生，著有《随园食单》，其《杂素菜单》中，有两段提及"松蕈"的入菜方法："松蕈加口蘑炒最佳。或单用秋油泡食，亦妙。唯不便久留耳。置各菜中，俱能助鲜。可入燕窝作底垫，以其嫩也。"又在《小菜单》中提及"小松蕈"的煮食方法："将清酱同松蕈入锅滚热，收起，加麻油入罐中。可食二日，久则味变。"

　　推测《随园食单》里的"松蕈"与《小菜单》中的"小松蕈"，应该是不同菇类。长在松树根部附近的可食用菇类有牛肝菌、松茸及卷缘齿菌（*Hydnum repandum*），依大小来分，牛肝菌最大，其次是松茸，最小的是卷缘齿菌。依美味程度，牛肝菌与松茸都略胜

松茸

◆ 原生地（发现地）：
中国、日本、韩国、北美、北欧。

◆ 拉丁文名称原意：
Tricholoma，*Tricho* 来源于希腊文 trikho-，由 thrix 与 trikh- 结合而来，意思是"毛发"。希腊文 loma 指的是"边界"或是"边缘"。
matsutake，松茸。

◆ 危害或应用：
食用。

所谓"四大菌王",有中西两种说法,分别是"松茸、牛肝菌、灵芝、冬虫夏草"和"松茸、牛肝菌、羊肚菌、鸡油菌(*Can-tharellus cibarius*)"。另外,还有"世界四大珍菌"之说,包括"松茸、牛肝菌、羊肚菌、黑虎掌菌(*Sarcodon aspratus*)"。无论是哪一个"菌王俱乐部",其成员一定都有松茸与牛肝菌,这是由于这两种菇类没办法人工种植,只能野外采集,所以格外珍贵且昂贵,并在人类的餐桌上占据着重要地位。

卷缘齿菌一筹。所以我个人推测,"松蕈"应是牛肝菌,"小松蕈"才是松茸。

日本人也非常喜欢松茸。公元 8 世纪,松茸最早出现在日本诗词中,之后在奈良与京都开始受到欢迎。人们砍掉原始森林中会遮蔽阳光的阔叶树,改种需要大量阳光与矿物质土壤的赤松,来取得建造房屋、庙宇与宫殿所需的木材。而松茸的宿主正是赤松,因此便成为林中的常客,人们便能在赤松根上发现松茸的踪迹。松茸因为很美味且稀少,所以人们把其当作高贵的礼物,受到贵族皇室的喜爱。到了江户时代(1603—1868),富有的平民和商人也都对松茸趋之若鹜。

牛肝菌、羊肚菌和鸡油菌

牛肝菌因肉质肥厚,口感极似牛肝而得名,是名贵稀有的野生食用菌。瑞典真菌学家埃里斯·马格劳斯·弗里斯(Elias Magnus Fries)在 1821 年将其命名为牛肝菌,并沿用至今。

牛肝菌在采摘之后,清炒就很美味;如果数量太多无法一次食用完,可切片或是整朵干燥保存。干燥的牛肝菌多用来煮汤。

羊肚菌是一种可食用菇类,在解剖学上与结构简单的杯状真菌相近,非常美味,是北欧地区秋季森林中常见的菇类。菌伞呈蜂巢网状,纹路很像反刍动物(例如牛与羊)

的瘤胃。羊肚菌有许多俗名，例如"旱地鱼"，因为将羊肚菌纵向切片，蘸上面包屑下锅油炸时，其外形酷似一条鱼的形状；还有"山核桃鸡"，它们在美国肯塔基州的许多地方都能找到。由于部分结构与多孔类海绵相似，所以也被称为"海绵菇"。有一种跟羊肚菌很像的菌，被称作鹿花菌（*Gyromitra esculenta*），它有剧毒，直接食用会致命，不过，勇敢的芬兰人将之视为美味。食用前，需要在户外反复烹煮，因为就连煮出的水蒸气都有毒。据说只要煮过几次就能吃了，不过我可没那个胆量尝试。

鸡油菌又叫作"黄菇""杏黄蘑菇"，是一种美味又亲民的菇，在欧洲、北美洲、非洲、亚洲与澳洲都能找到其踪迹。新鲜的鸡油菌有可媲美松露的鲜美香气，口感滑润肥美，盛产的时候，欧洲的传统市场都能买到。鸡油菌颜色多为黄色、金黄色或橘黄色，菌伞的边缘呈不规则的波浪形，被称为"假菌褶"（false gills）的菌褶是其重要特征。还有一种与鸡油菌外形相似，不过颜色截然不同的"灰喇叭菌"（*Craterellus cornucopioides*），也非常美味且稀有。在芬兰，灰喇叭菌是季节限定的菇类里价格最高的，2015 年，鲜品在市场上 1 公斤要 50 欧元。可直接鲜炒或是干燥后磨成粉状，像胡椒盐一样撒在汤品上食用。

采菇趣

人们有野外采菇的传统，不仅仅是因为菇很美味，还因为在缺乏营养的年代，野菇提供了额外的养分需求，例如在纬度较高、日照较少的地区，菇类提供了很重要的维生素 D 及蛋白质来源。不过，现在的野菇采集，多以兴趣、亲近大自然为出发点。若各位有机会到野外采菇，就能体会到那种好不容易发现一棵松茸或是牛肝菌静静依在松树根部的兴奋感，而这种感觉已经远远超出它们的食用价值了。

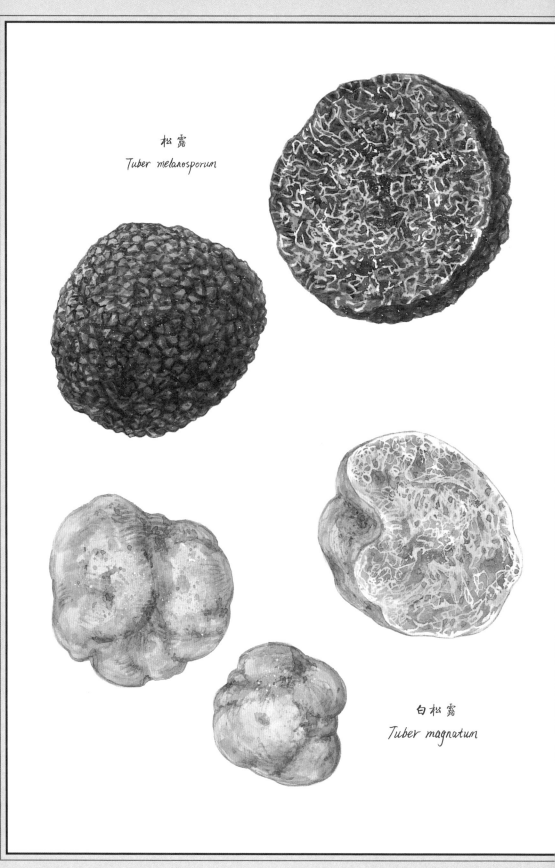

松露
Tuber melanosporum

白松露
Tuber magnatum

厨房里的钻石

松露
Tuber melanosporum

松露与法国、意大利甚至整个欧洲的历史都息息相关。法国著名美食家布里让·安希尔姆·布里兰－萨瓦兰（Jean Anthelme Brillat-Savarin）曾在其著作《厨房里的哲学家》（*Physiologie du Goût*）中，将松露誉为"厨房的钻石"。松露是世界上最昂贵的食品之一，欧洲人将之与鱼子酱、鹅肝并列为"世界三大珍馐"，其中以法国的黑松露与意大利的白松露评价最高。松露是与树根共生的真菌，常见的寄主有橡树、榛树、山毛榉和板栗树，在地面 7〜30 厘米以下，必须经由训练过的狗或猪利用嗅觉来寻找。

大地的伤疤

早在公元前 2000 年，松露就被记载于新苏美尔时期（Neo-Sumerians）的泥板上。公元前 300 年，希腊哲学家泰奥弗拉斯托斯（Theophrastus）的作品《植物史》（*De Historia plantarum*）中也描述了松露。公元 400 年罗马帝国时期，现存最古老的松露食谱记载于欧洲的第一本烹饪书籍——罗马美食家马库斯·加维乌斯·阿比乌斯（Marcus Gavius Apicius）的《厨艺》（*De Re Coquinaria*）中。不过在欧洲黑暗时期（公元

松露

◆ 原生地（发现地）：
温带与热带山区。

◆ 拉丁文名称原意：
Tuber，来自拉丁文 *tūber*，意思是"块状，块茎"。*melanosporum*，melan-希腊文是 melas, mélanos 意思是"黑"。*sporum* 源自古希腊文 "spora"，意思是"种子"或是"播种"。

◆ 危害或应用：
食用。

400—500 年），由于松露诱人的香气与生长在黑暗地底的特性，人们相信松露是恶魔的化身，由巫师的口水产生，如同被诅咒的灵魂一样黑暗，因而被宗教禁止食用。直到"黑暗世纪"（西欧中世纪）过去，民智大开，人们才重新爱上松露。

不过罗马人对"松露"有不同的看法。即使松露与罗马皇帝普布利奥·埃尔维奥·佩尔蒂纳切（Publio Elvio Pertinace）同样来自阿尔巴（Alba），却从没在罗马贵族的食谱中占有一席之地。在罗马贵族中，松露只因其高昂的价格受到瞩目，但贵族对于它的风味实在不感兴趣。被世人称为"老普林尼"的古罗马哲学家盖乌斯·普林尼·塞孔都斯（Gaius Plinius Secundus）称松露为"土地的伤愈组织"。尤维纳利斯（Juvenal）甚至说过："如果春天有了雷声，我们将会有松露。留下你的粮食吧，利比亚，只要给我们松露就好。"尤维纳利斯在暗讽，富人只要有美味的松露可吃就好，穷人赖以为生的谷物歉收也没有关系。

整个中世纪，松露曾因人们的节俭而消失在饮食中，但仍然是狼、狐狸、獾和山猪最爱的食物。文艺复兴时，人们又重新开始讲究精致饮食和用餐气氛，松露总算在上流社会崭露头角，14—15 世纪开始出现在法国贵族的餐桌上，而在此期间，白松露也开始被端上意大利人的餐桌。在 1700 年的皮埃蒙特，松露被所有的欧洲宫廷公认为真正的美味。松露狩猎更成为一种专门用来取悦客人和外国使节的宫廷娱乐，通常在意大利都灵地区举行。17 世纪末到 18 世纪初，意大利掌权者维托里奥·阿梅迪奥二世（Vittorio Amedeo Ⅱ）与维托里奥·埃马努埃莱三世（Vittorio Emanuele Ⅲ）认真且非常努力地想成为松露猎人。1751年，埃马努埃莱三世在英国宫廷中组建了一支松露远征队，试图将松露引入英式菜肴中。但是在英格兰发现的松露，质量都非常差，根本无法与皮埃蒙特松露相比。意大利政治家卡米洛·奔索·加富尔伯爵（Camillo Benso Cavour）在他的政治生涯中，利用松露作为其外交工具。1780年，关于阿尔巴白松露的著作首度在米兰出版，也确立了白松露（Tuber magnatum）的名称——以第一个研究松露分类的皮埃蒙特·维托里奥·皮科（Piedmontese Vittorio Pico）为名。1831年，来自米兰帕维亚植物园的博物学家卡洛·维塔迪尼（Carlo Vittadini），出版了《松露专刊》（*Monographia Tuberacearum*），其

文艺礼赞

◆

意大利作曲家乔亚基诺·安东尼奥·罗西尼（Gioachino Antonio Rossini）把松露称为"真菌里的莫扎特"。第六代乔治·戈登·拜伦男爵（George Gordon Byron, 6th Baron Byron）放了一颗松露在他的办公桌上，因为它的香气有助于激发灵感。《基督山伯爵》的作者大仲马（Alexandre Dumas）把它称为餐桌上的圣桑托伦至圣小堂（Sancta Santorum）。

中介绍了 51 种松露，这本书之后变成了"食菌学"（hydnology）的基础。

水涨船高的身价

人们对松露的需求量日益增加，这么美味的食物，光靠野外采集怎么能够满足老饕的味蕾？ 1847 年，法国开始出现松露农场。松露生长在碱性且易排水透气的石灰土中，夏天生长期需要雨水，但又不能太多；松露必须和橡树的根形成共生关系，盛产于秋季，收成时需要由经过训练的动物来找出，收成的数量与大小也不固定……基于上述种种原因，建立松露农场需克服多重困难，因此产量实在不易提升。从第二次工业革命开始，大批的农业人口投入工业，直接影响了松露种植产业。第一次世界大战后，法国劳动人口锐减两成，再加上当初种植的用来产出松露的树已经太老，导致松露产量直线下降，原本就因战争而萎缩的松露产业受到多重打击，其结果就是松露的价格大涨。

松露被用在欧洲各种美食中，特别是法国和意大利的美食。不过松露价值千金，只有到豪华餐厅才能一尝美味。松露价格依照产量及大小而定，2014 年底，世界上最大的白松露在纽约拍卖，成交价约为 40 万人民币，买家来自中国台湾。2016 年，一颗 900 克的白松露卖出了 14 万人民币的高价。相较而言，黑松露价格比较便宜，约为白松露的 1/10。

松露尝起来到底像什么？我游历东欧的时候，在传统市场买过，尝过后感觉实在难以形容。松露的味道不像其他食物，它的风味诱人，独一无二，让人上瘾且欲罢不能。当然，风味的喜好因人而异，如果松露符合你的口味，你一定会被它彻底征服。顺带一提，所谓的松露油，通常都是橄榄油加入一点松露制成的，更有许多仿制品，多是合成的香味，一点松露成分也没有。

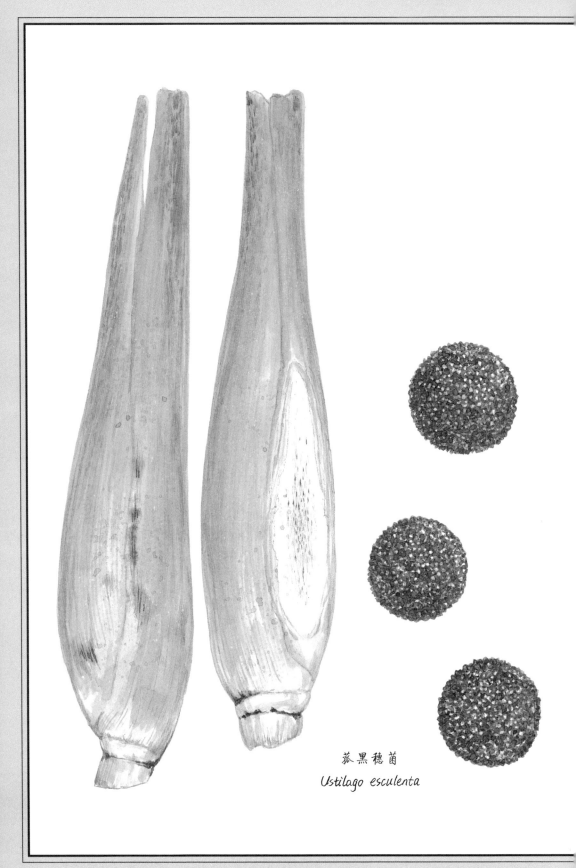

菰黑穗菌
Ustilago esculenta

美人腿

菰黑穗菌
Ustilago esculenta

　　"菰黑穗菌"可能对各位来说很陌生，不过大家一定都知道"茭白笋"，也叫作"茭白"，它就是菰黑穗菌寄生于菰草后形成的。菰草属于禾本科菰属，为多年水生植物，根部有白色匍匐茎可发芽产生新植株。夏秋时节会抽生花茎，结果成"菰米"。被菰黑穗菌感染的菰草不抽穗，但是茎部会不断生长膨大，形如小腿，颜色白皙，台湾地区称之为"美人腿"。人们发现感染后的菰草非常美味，比菰米更有价值，便开始作为食材大量种植。成熟采收后的菰草，切面会有小黑点，这些小黑点就是聚集的孢子。

春末生白茅如笋

　　中国台湾出现茭白笋是在两百多年前，自祖国大陆传入。中国古籍中提到"菰"，则可追溯到一千年前，但确切何时弃"菰"趋"菇"（茭白笋）的历史实难查考。不过，最早提到"茭白"二字的，是北宋嘉祐六年由苏颂主持编撰的《本草图经》（又名《图经本草》，1061 年）。明朝李时珍所著的《本草纲目》（《草部·草之八》，1578 年）中，亦有关于茭白的明确记载："春末生白茅如笋，即菰菜也，又谓之茭白，生熟皆可

菰黑穗菌

◆ 原生地（发现地）：
中美洲。

◆ 拉丁文名称原意：
Ustilago，源自拉丁文
ustilare，意思是"去烧"。
esculenta，源自拉丁文
ēsculentus，来源有两种
说法，一是由 *ēsca* 这个
词而来，意思是"食物"；
二是由 *edere, ēs-* 而来，
意思是"去吃"。

◆ 危害或应用：
食用、药用和艺术创作。

啖，甜美。其中心如小儿臂者，名菰手。作菰首者，非矣。"孟诜也进一步提到其功效："利五脏邪气，酒面赤，白癞疡，目赤。热毒风气，卒心痛，可盐、醋煮食之。"陈藏器《本草拾遗》记载："去烦热，止渴，除目黄，利大小便，止热痢。杂鲫鱼为羹食，开胃口，解酒毒，压丹石毒发。"

经过千年的种植与人为筛选，菰黑穗菌随着菰草不断繁殖。现在田间的菰草不再生产菰米了，人们也不知菰米为何物，只知道种植菰草是为了生产"茭白笋"。除了当作食材外，菰草也被用于医药中。菰黑穗菌的孢子粉还被用到艺术创作上面，例如用在日本的漆器上，造成类似生锈的效果。虽然也有因为吸入太多菰黑穗菌的孢子而造成过敏性肺炎的例子，但这只是极少数的病例。1991 年，曾经有美国移民想要在加州种植菰草，因为菰黑穗菌是植物病菌，所以没有成功。

另一种富贵病

提到菰黑穗菌，就不能不提玉米黑穗菌（*Ustilago maydis*），因为它们同是黑粉菌属（*Ustilago*）的一员。玉米黑穗菌是玉米的致病菌，和菰黑穗菌类似，它会造成玉米疾病，而生病的玉米却被视为难得的珍馐。在墨西哥，阿兹特克人将长在玉米上黑黑的东西称为"乌鸦屎"。尽管这名字不太开胃，阿兹特克人仍将之加到菜肴中，做成薄饼、汤和玉米粉蒸肉。墨西哥人以及美国霍皮印第安人（Hopi Indians）也视之为令人心旷神怡的美味佳肴。贝蒂·福塞尔（Betty Fussell）在《玉米的故事》（*The Story of Corn*）中提到，霍皮人称这种感染真菌的玉米为"纳哈"（nanha），在嫩时采收，去苞叶后，煮十分钟，然后用奶油炒到酥脆。时至今日，墨西哥农民仍在有规模地种植这种生病玉米，供新鲜食用、冷冻或做成罐头。不过除了罐头，这种农产品在美国不容易找到，因为美国农民称之为"煤尘或是黑穗病"（smuts）和"魔鬼的玉米"，认为这是一种必须被根除的病害。

墨西哥松露

◆

玉米黑穗菌难以进入欧美市场，是因为美国大多数农民把它看成疫病。不过根据《玉米的故事》的记载，1989 年，纽约市詹姆斯·比尔德大楼（James Beard House）的晚宴中出现了一种食物，被称为墨西哥松露（Mexican Truffle），其实就是阿兹特克人口中的"乌鸦屎"。晚宴菜单由罗莎墨西哥餐厅的约瑟芬娜·霍华德（Josefina Howard）设计，其中包括墨西哥松露开胃菜、汤品、可丽饼、玉米饼、果仁蛋糕，甚至还有墨西哥松露冰激凌。到了 20 世纪 90 年代中期，由于高档餐厅的需求，宾夕法尼亚州和佛罗里达州的农场经由美国农业部的允许，故意让玉米感染玉米黑穗菌。据大多数观察家评估，这个计划对农业生产几乎没有影响，因为在此之前，美国农业部曾花费大量的时间和金钱试图消灭玉米黑穗菌，可谓一举两得。

冬虫夏草
Ophiocordyceps sinensis

天神的肠子

冬虫夏草
Ophiocordyceps sinensis

冬天是虫，夏天是草，神秘的冬虫夏草有着很高的药用价值，其中最著名的就是它能改善性生活，因此有人称它为"喜马拉雅山威而刚"。在 17 世纪以前的古医书中，完全不见冬虫夏草的踪影，可以说它是近代才崛起的中药材。如今，采集冬虫夏草是西藏的年度淘金活动，2013 年，西藏一共采集了约 50 吨冬虫夏草，价值约 12 亿美元，是西藏年度观光收入的一半。在北京的中药店里，一捆约 80 只冬虫夏草，售价将近 1 万美元。

冬虫夏草
◆ 原生地（发现地）：
中国西藏与四川。

◆ 拉丁文名称原意：
sinensis，意思是"中国"。

◆ 危害或应用：
食用与药用。

田径队的金牌秘方

冬虫夏草其实是一种名为"冬虫夏草"的麦角菌科（*Clavicipitaceae*，或称肉座菌科）真菌，是寄生于蝙蝠蛾（hepiaua）幼虫上的子座（stroma）与幼虫尸体的结合体。真菌于冬季入侵蛰居于土中的幼虫体内，使虫体充满菌丝而死亡，于夏季时长出子座。因为这种真菌的奇特生活，以及生长在一般人难以到达的严峻环境中，冬虫夏草被披上了一层神秘面纱。中国从古至今常把冬虫夏草、野生人参与鹿茸列为三大补品。冬虫夏草正式被当作药材并记载在书籍中，始于 1694 年清代汪昂的著作《本草备要》。1723年，法国耶稣会神父佩雷·多朋克·巴多明（Pere Dominque Parrenin）自中国采集了冬虫夏草标本带回巴黎，之后再由英国人洛弗尔·奥古斯都·里夫（Lovell Augustus Reeve）带到伦敦。柏克莱在1843年，首次对冬虫夏草做了文字描述，当时他将之称作"中华球果菌"（*Sphaeria sinensis*）。直到1878年，意大利学者萨卡尔多（Saccardo）把这种真菌重新命名为中华虫草菌。

1876年，英国的一家报纸曾报道过冬虫夏草，其中是这样描述的："它加强和改造体质的功效使之享有盛誉，但因其非常稀有，所以只有皇帝或是居于高位的官吏才能使用。"早期的外国观察家对冬虫夏草的价

千年药王？

◆

冬虫夏草虽为中药材中的后起之秀，却被封为中国的"药中之王"。然而，古书里最早描述它的药用功效，大概就是《本草纲目拾遗》里所说的"功与人参同"，也就是跟人参一样。冬虫夏草也许有千年历史，不过实不可考，在《本草纲目拾遗》之前，以传说居多。冬虫夏草被说得神乎其神，也许只是一种推销冬虫夏草的手段，毕竟，百年成妖，千年成精；没有千年，哪有资格与人参、鹿茸平起平坐，并称三大补品？

格无不惊讶不已。由大英博物馆在 1923 年出版的《英国大型真菌手册》（*A Handbook of the Larger British Fungi*）中就有这样一段描述："这个又黑又老又腐烂的样品，据说价格相当于四倍重量的银。"

步步晋升仙药

除了药用价值与奇特的生命形态，冬虫夏草更是一种充满神话色彩的真菌。西藏虽有许多关于冬虫夏草的传说，但皆与它的疗效无关。传说中，冬虫夏草是犯了戒条的僧人死后的化身，并且不断轮回受罚。也有传说称冬虫夏草是天神的肠子，所以西藏人对冬虫夏草敬而远之。然而外地人却趋之若鹜，奉为神药。

冬虫夏草如何入药，与其他稀有的中药材一样，只能由民间传说得知了。最早的文献皆指出它可以治疗肺部、肾脏与呼吸道疾病，如《本草备要》中记载："冬虫夏草，甘平，保肺益肾，止血化痰，已劳嗽。"不过，在《本草问答》中，冬虫夏草则成了："至灵之品也。故欲补下焦之阳，则单用根。若益上焦之阴，则兼用苗……故二冬能清肺。金忍冬能清风热，冬青子滋肾，其分别处又以根白者入肝。藤蔓草走经络；冬青子色黑，则入肾滋阴。"多了滋阴补肝的功效。

清代张晋生所著的《四川通志》中写道："冬虫夏草出理塘拨浪工山，性温暖，补精益髓。"《柑园小识》中则说："以酒浸数枚啖之，治腰膝间痛楚，有益肾之功。"所以冬虫夏草也能治"腰膝酸痛"。另外，《本草再新》中记载："有小毒，入肺肾二经。"《本草正义》中说："入房中药用……此物补肾，乃兴阳之作用，宜于真寒，而不宜于虚热，能治蛊胀者，亦脾肾之虚寒也……赵氏引诸家之说极多，皆言其兴阳温肾。"《重庆堂随笔》中说："冬虫夏草，具温和平补之性，为虚疟、虚痞、虚胀、虚痛之圣药，功胜九香虫。凡阴虚阳亢而为喘逆痰嗽者，投之悉效，不但调经，种子有专能也。"冬虫夏草的功效，据自古以来的记载，到现在已经发展到"神丹妙药"的阶段了，就如同其他中药一样，只因稀少或采集困难，就会开始产生传说，灵芝也是如此，再过些时日必能得道成"仙药"了。

灵芝
Ganoderma lucidum

中国草药之王

灵芝
Ganoderma lucidum

在人们的心目中，灵芝已经超越了"药用真菌"，深深联结着中华文化，地位之高，没有哪一种菇或是菌能够望其项背，它甚至有专属的传说。在古人眼中，灵芝几乎能治百病，"内"可以养气滋补，"外"可以坚筋骨、利关节。它不仅对各器官都有疗效，还可以增强记忆、安定心神、强化心血管、润肺补肝、益脾补精、抗老还聪，更不用说它的抗癌作用了。可以说由内到外、从头到脚都照顾到了。

分类与六芝传奇

1881 年，芬兰的植物学者彼得·阿道夫·卡斯坦（Peter Adolph Karsten）将有着发亮表皮的菇体统一归为灵芝属，并以灵芝为此属的代表种。而后经多位学者研究，认为灵芝属的主要特征是具有双层细胞壁的担孢子。灵芝属于多孔菌类，其子实体下层表面有许多孔状构造，每一个孔里都孕育着担孢子。灵芝与其他多孔菌最大的不同在于，灵芝的担孢子表面有许多孔洞，具有两层细胞壁，是以壳聚糖与葡聚糖为主的多糖体结构，其两层细胞壁之间有网状结构。目前已记录的灵芝科有98 种，光是中国台湾就有 20 种。

灵芝

◆ 原生地（发现地）：
中国。

◆ 拉丁文名称原意：
Ganoderma，ganos 是希腊文，意思是"闪亮"。derma 是希腊文，意思是"皮肤"。

lucidum，拉丁文 *lucidus*意思是"闪亮"，指的是菇体表面的光泽。

◆ 危害或应用：
食用与药用。

《太上灵宝芝草品》是传世最早的有关灵芝的典籍，是一部具有浓厚宗教色彩的图鉴，也是已知世界上最早的菌类图鉴。灵芝被道教奉为仙药，书中记述了103种灵芝，皆略述产地、性味、形态和服用价值，是研究古代灵芝文化的重要文献。书中描述道："木菌芝，生于名山之阴谷中，树木上生，本三节，色青，味甘辛，食之万年仙矣。"说明了灵芝的生物学特性（生长、形态）——生长在烟雾缭绕（湿气重）的山里（温度低）的树木（培养基质）之上；"味甘辛"说明了其味道甜而微辣；"食之万年仙矣"则赋予了灵芝神话色彩。自古，道教就钟情于灵芝，灵芝被道教奉为仙药。在道教典籍《种芝草法》中，描述了道士采集灵芝时的诸多仪式，认为只要在清养修炼的同时服食"仙药"，便能得道成仙。

灵芝人工栽培的方法，最早记录在道家的《种芝经》与《种芝草法》里，然而这些早期的道教著作充满了仙人种芝的神话，与古农书中记载的种菇方法大相径庭，以宗教仪式为主，因此灵芝是否真能人工种植，就不得而知了。比较可信且实际的方法出现在李时珍的《本草纲目》中，里面说："方士以木积湿处，用药敷之，即生五色芝。"这里的"药"其实就是含有灵芝孢子的培养基，种植时间也都选在冬至的时候，推测应该是低温可减少杂菌的污染。

古籍记载的灵芝有6种，也就是赤、青、黄、白、黑、紫六芝，且都列为上品。《本草纲目》对六芝有详细的记载与分析。然而，光是凭借古书的描述，实难判断这六芝为何物。比较能确定的是，赤芝（*G.lucidum·karst*）就是一般常见的灵芝，菌伞呈肾形、半圆形或近圆形，表面红褐色有漆样光泽，菌柄与菌伞同色或略深。紫芝（*Ganoderma sinense*）菌伞呈褐色、紫黑色或近黑色，菌肉是褐色。毕竟黑色的菇较少见，所以黑芝有可能指的是假芝（*Amauroderma rugosum*）。不过，也有其他可食用的菇也是黑色，例如灰黑喇叭菌。而黄芝应该就是硫黄菌（*Laetiporus sulphureus*，亦称硫色绚孔菌），新鲜的菌伞肉质多汁，可达数公斤重。还有同样原生于中国北方的金顶侧耳（*Pleurotus citrinopileatus*），也是有着绚丽金黄色的可食用菇。另外，鸡油菌也一样是黄色的美味菇类。这三种黄菇，可长到数公斤的只有硫黄菌。青芝可能是指彩绒栓菌（*Trametes versicolor*），也有可能是云芝（*Coriolus versicolor*），具革质伞盖，表面有短茸毛，富有多样色彩变化。云芝又因为其外形，被西方称为"火鸡尾巴"。最近的研究证实，它具有防癌功效。白芝就比较难界定了，不过《抱朴子》中提到，白芝如"截肪"，也就是跟切开的脂肪一样白，那有可能是雪白干酪菌（*Tyromyces chioneus*），只不过这种菌不能食用，或者说有苦味难以下咽。白芝也可能指的是药用拟层孔菌（*Fomitopis officinalis*）。

妾在巫山之阳

相传，炎帝的第三个女儿名叫瑶姬，长得非常漂亮，但不幸红颜早逝。她的灵魂飘到姑瑶山，变成了瑶草。凡人吃了，就可在梦中与思念的人相会。炎帝因女儿的死，非常伤心，因此封瑶姬为巫山之神。瑶姬在早晨化成云，在群山之间徜徉；傍晚变成雨，把哀怨的情绪倾泻到千里外的长江。

瑶姬的故事，也记载于战国初年到汉朝初年的《山海经》（《中山经·中次七经》）中，其中描述了楚怀王游历云梦台，住在高唐会馆，中午小憩时，瑶姬来到了楚怀王的梦中，向楚怀王倾诉爱意："妾在巫山之阳，高丘之阴，旦为朝云，暮为行雨；朝朝暮暮，阳台之下。"

思念瑶姬的楚怀王于是在云梦台盖了"朝云"庙来纪念瑶姬。说来也奇怪，后来楚怀王的儿子楚襄王重游此地时，也做了一样的梦。当时随楚襄王游云梦台的宋玉记下了楚襄王的梦境，写成《神女赋》，并把楚怀王的遭遇写进了《高唐赋》。之后，唐朝人余知古在《渚宫旧事》中说："精魂为草，实乃灵芝。"此处的"灵芝"指的就是"瑶姬"。瑶姬的精魂，飘散变成了气，又凝聚成了某物，这个某物就是灵芝。更近代的《红楼梦》中，林黛玉被描述成"绛珠仙草"的化身，作者曹雪芹就是借用了瑶姬的传说，来描绘女主角林黛玉的美。

画中灵芝

灵芝自古就出现在许多艺术作品中。例如，自秦汉以来的石刻、雕塑、绘画中都有以灵芝为题材的作品。陕北出土的东汉石刻像和古墓壁画中，可以看到仙人手执灵芝，在云中招引亡者成仙。绘于14世纪的山西芮城县永乐宫壁画，亦有玉女手捧灵芝的画像。另外，清代画家吴友如和任熊的《麻姑献寿图》中也有灵芝出现。《瑞草图》所绘的白娘子盗仙草也是以灵芝为主题。还有，丝织品、瓷器、窗花剪纸和其他装饰物上，也经常出现灵芝的纹样。灵芝也见于建筑的栏、柱、梁、檐与脊等处。灵芝菌盖表面有一轮轮云状环纹，被称为"瑞征"或"庆云"，象征吉祥，之后更演变为"如意"。

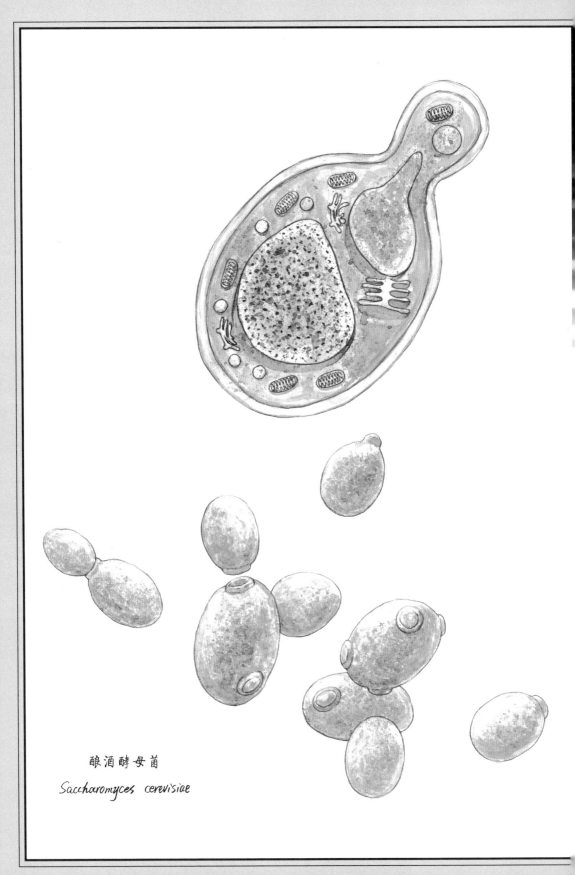

酿酒酵母菌
Saccharomyces cerevisiae

狄俄尼索斯的魔法

酿酒酵母菌

Saccharomyces cerevisiae

酵母在人类的饮食历史中，扮演着非常重要的角色，若不是碍于篇幅，绝对值得为它写上好几本书。酵母让人类头一次尝到了微醺的滋味，让人类不必再冒着风险啃咬可能会硌断牙齿的硬面包，让人类找到了能保存牛奶的方法，还让东方人不必再吃饭配盐巴。不过，这一次我们从"酒"的角度来谈谈酵母。

发现历史

传说，酵母早在 4 000 年前就开始被古埃及人用来酿酒与制作面包了。约 3 500 年前的中国殷商时期，酵母菌也被用来酿造米酒。不过，对于酵母真正的科学观察与研究是在 1680 年，荷兰科学家安东尼·菲利普·范·列文虎克（Antonie Philips van Leeuwenhoek）首次利用显微镜观察到酵母，但当时尚无法将其纳入生物体的范畴。列文虎克于 1680 年 7 月 14 日在一封写给皇家学会会员托马斯·盖尔（Thomas Gale）的信中提及：

"我已经对酵母做了一些观察，并且在整个过程中

酿酒酵母菌

◆ 原生地（发现地）：
世界各地。

◆ 拉丁文名称原意：
Saccharo 的希腊文 sakkharon 是经由拉丁文演化而来，追根溯源则来自梵文 śarkarā，意思是"糖"。*myces* 是新拉丁文，源自希腊文 mykēs，意思是"真菌"。*cerevisiae* 是 *cerevisia* 的所有格，又可写成 cervisia，意思是"啤酒"。

◆ 危害或应用：
醉酒及医疗用途。

都看到，清澈的发酵液里一直有之前提到过的漂浮小球；那些小球，我认为就是啤酒……"

列文虎克继续说明：

"……此外，我清楚地看到，每一个酵母小球都会变成六个单独的小球，这些小球与我们血液中的小球大小相同。"

值得注意的是，我们的红细胞直径约 7 微米（μm），这的确与酵母细胞的大小相似。之后，过了 159 年，才有所谓的"细胞理论"问世。

1857 年，路易斯·巴斯德（Louis Pasteur）首先提出了酿酒过程来自酵母的发酵作用，而不是简单的化学催化作用。巴斯德实验将空气送进酿酒发酵液中，结果酵母增加了，酒精产量却减少了（转化酒精必须处于无氧发酵的状态），这个现象也就是后人所称的"巴斯德效应"。

啤酒

相传，啤酒于公元前 3000 年由日耳曼人及凯尔特人带到欧洲，主要是以家庭式的酿造作坊来制造。欧洲早期的啤酒酿造过程有可能添加了水果、蜂蜜及各种植物香料，但并没有添加啤酒花的记载。啤酒花是一种多年生草本植物，是啤酒独特清爽苦味和芬芳香气的来源，也是啤酒的"灵魂"。

德国南部出土的酿酒文物显示，公元前 800 年，人们就开始酿造啤酒了。但是添加啤酒花的做法，却是在 1 000 多年之后的公元 822 年左右，从加洛林王朝的一个修道院院长开始的。

家庭式的酿造后来演变成酒厂，例如荷兰的上等窖藏啤酒葛兰斯（Grolsch，1615 年）与英国（当初还是隶属英国的爱尔兰）的健力士醇黑生啤酒（Guinness，1690 年）。后来，由于冷冻技术的发展与酵母菌纯种培养技术的成熟，啤酒的质量趋于稳定，于是开始出现大规模生产啤酒的工厂。1837 年，世界第一个工业化量产"瓶装啤酒"的工厂在丹麦首都哥本哈根诞生了。

之后十年间，整个欧洲的酿酒厂都在朝工业化大规模生产的方向发展，例如荷兰的喜力（Heineken，1873 年）与丹麦的嘉士伯（Carlsberg，1847 年）。美国则是在 1876 年之后开始加入战局，如百威啤酒（Budweiser，1879 年）与美乐啤酒（Miller，1855 年），加拿大则有拉巴特啤酒（Labatt's，1847 年）。欧美之外，还有日本的札幌啤酒（Sapporo，1876 年）与朝日啤酒（Asahi，1880 年），以及菲律宾的生力啤酒（San Miguel，1890 年）。

根据发酵类型的不同，用于酿造啤酒的酵母菌主要分为两大类：麦酒（艾尔）酵母（ale yeast）与窖藏（拉格）酵母（lager yeast）。麦酒酵母发酵期间会在表层产生很多泡沫，让人误以为酵母上升至啤酒表层，所以称为"上层发酵"。窖藏酵母则没有那么多的泡沫，所以其发酵作用又被称为"底层发酵"（事实上，无论上层还是底层发酵，酵母都是沉在发酵桶底部的），与上层发酵方法相比，底层发酵的发酵温度较低，发酵时间较长。

现在，不论是酿麦酒的酿酒酵母（*Saccharomyces cerevisiae*），还是用于窖藏啤酒酿造的巴式酵母（*Saccharomyces pastorianus*）（又名拉格酵母），都被称作"啤酒酵母"。这里必须说明的是，所谓的巴式酵母或贝式酵母，其实是混杂了三种酵母菌的统称，这些酵母分别是酿酒酵母、葡萄汁酵母（*Saccharomyces uvarum*）与真贝酵母（*Saccharomyces eubayanus*）。

另外，人们常听到的卡尔斯伯酵母（*Saccharomyces carlsbergensis*），则是含有两倍真贝酵母基因体与单倍酿酒酵母基因体的一种三倍体杂交酵母。

葡萄酒

葡萄酒的传统酿造法，是利用黏附于果皮上的天然酵母来酿制。据说公元前 8000 至公元前 6000 年，中亚地区就有人酿造葡萄酒；公元前 2500 年，就有关于酿酒的象形文字由中亚流传到埃及。

公元前 1700 年，古巴比伦帝国的《汉谟拉比法典》中规定，不得贩卖葡萄酒给酒品不好的人。公元前 1730 年，埃及法老拉美西斯一世的墓穴壁画中描绘了酿酒的方法。公元前 200 至公元前 100 年，葡萄酒随着罗马帝国的扩张而流传各地，《旧约圣经》中也有关于葡萄酒的记载。根据现有的考古资料，葡萄的栽培与葡萄酒的酿造技术，随着人类探险、迁徙与交通发展，从小亚细亚和埃及一路传到了地中海邻近国家，有欧洲的希腊、意大利、法国与西班牙，还有非洲北部的利比亚。不仅扩展到了地中海沿岸，葡萄酒酿造技术还通过陆路，由多瑙河河谷传入中欧地区。

酵母菌遗传工程

◆

遗传学也在研究面包酵母（酿酒酵母）。1978 年，科学家发明了将外来基因转植进入酵母的方法，从此开启了酵母遗传工程的大门。20 世纪 80 年代，酵母遗传工程可以用来制造 B 型肝炎疫苗；除此之外，还具有发电、生产胰岛素、产生酵素与蛋白等功能。1996年，酵母基因组计划完成了 6 000 个基因编码，此为人类完成的第一个真核生物基因组计划，这个成就也奠定了后来人类基因组计划[1]完成（2001 年）的基础。

---

1 人类基因组计划：该计划准备用 15 年的时间，研究人类 30 亿个碱基对组成的核苷酸序列，从而绘制人类基因组图谱。

灰霉菌
Botrytis cinerea

酒中之王，王者之酒

灰霉菌
Botrytis cinerea

灰霉菌是少数让某一群农民（草莓农）恨之入骨，可是却让另一群农民（葡萄农）眉开眼笑的真菌。灰霉菌的命名与其孢子束长得像成串的葡萄有关，它是一种坏死真菌，会造成"灰霉病"（botrytis bunch rot）或"贵腐病"（noble rot），会感染植物甚至令宿主死亡。"灰霉菌"指的是该种真菌的无性世代，其有性世代很罕见，被另外命名为"法克尔氏长青葡萄孢菌"（*Botryotinia fuckelian*）。灰霉菌让人类酿造出了全世界最高级的甜白葡萄酒——贵腐酒。

真菌界的双面贵族

灰霉病会感染多种观赏植物，例如菊花、矮牵牛、玫瑰、向日葵、甜豌豆等；也会感染蔬菜和水果，例如豆类、甜菜、胡萝卜、茄子、葡萄、洋葱、草莓、大头菜、西红柿等。然而，真正让它名声大噪的，是用被其感染的葡萄制作的葡萄酒。葡萄农对灰霉菌又爱又恨，因为它对葡萄的影响分为两种：第一种是"灰霉病"，常发生于持续潮湿的环境；第二种是"贵腐病"，发生于旱季与雨季相继而来的时期。葡萄一旦感染贵腐病，果实中的水分就会减少，而糖分与酸度会高度浓缩，致

灰霉菌

◆ 原生地（发现地）：
世界各地。

◆ 拉丁文名称原意：
Botrytis，源自古希腊文botrys，意思就是葡萄。词尾 *-itis* 是疾病的意思。*cinerea* 是拉丁文，意思是被灰染色（ashco-lored），词首 *ciner-* 的意思是"被撒灰"或是"灰"。

◆ 危害或应用：
酿酒。

使甜度大增，香气浓郁，可用来制作甜度高的甜点酒。

最著名的甜点酒有法国苏玳的贵腐酒、匈牙利托卡伊的阿苏葡萄酒，以及罗马尼亚科特纳里的格拉萨葡萄酒。

法国最著名的贵腐酒产区——波尔多格拉夫区的苏玳，从18世纪就开始生产贵腐酒。苏玳主要的葡萄品种是赛美蓉（Sémillon）、长相思（Sauvignon blanc）与密斯卡岱（Muscadelle）。苏玳产的酒有柠檬与桃子的香味，贵腐菌特有的气味和橡木的味道，经过陈酿会有更多层次的特殊风味。当然，价格也不菲。

贵腐酒以生产的酒庄来分级，伊肯堡属于特级酒庄，除此之外，一级酒庄和二级酒庄也已经表现出了极

伊肯堡

伊肯堡（Château d'Yquem）位于波尔多格拉夫区的苏玳。在1855年波尔多葡萄酒的官方分类中，伊肯堡是苏玳地区唯一被评等级的葡萄酒。由伊肯堡酿造的葡萄酒具有多重风味，拥有浓郁、甜美的特征，相对较高的酸度平衡了甜度。伊肯堡的酒很耐收藏，只要收藏得当，可储存熟成超过100年而风味不减。在熟成过程中，水果的甜味会逐渐转淡，取而代之的是更复杂的二级和三级口味的交叠。2006年，一批贮藏144年（1860—2003）的藏酒（共135瓶），在伦敦以150万美元的价格出售给古董酒公司，成为历史上身价最高的一批酒。同年，伊肯堡还与法国著名高级时尚品牌迪奥共同开发了含有伊肯堡葡萄树汁液的护肤产品。2011年7月，一瓶1811年的伊肯堡贵腐酒以7.5万英镑在伦敦售出，是历史上卖出价格最高的酒。

高水准。由于气候的关系，苏玳是少数会持续出现贵腐病的地区。然而，即使贵腐病经常出现，贵腐酒的生产仍然供不应求，每年的产量也有极大差异——物以稀为贵，这就是贵腐酒昂贵的原因。

匈牙利北部的"皇家托卡伊"（Royal Tokaji）贵腐甜酒也一样远近驰名，曾经被法国国王路易十四誉为"酒中之王，王者之酒"。皇家托卡伊贵腐甜酒深受俄国沙皇的青睐，当时的俄国沙皇甚至在托卡伊租用葡萄庄园，专门酿制贵腐甜酒，并派军队驻守。传说，因为贵腐酒太好喝了，连引领亡者灵魂的天使都依依不舍而忘了回天堂，难怪在歌德的作品《浮士德》中，贵腐甜酒被称为"生命之泉"。

贵腐酒的崛起

目前法国栽培的大多数葡萄，被认为是在罗马帝国时期（公元前 87 年）由罗马人引进的。然而生产甜葡萄酒的最早证据只能追溯到 17 世纪。当时，英国人是波尔多酒的主要消费人群。英国人自中世纪以来就很爱喝波尔多酒，而且偏爱红葡萄酒，还将之称为"Claret"（干红，dry red wine）。

17 世纪，荷兰商人看上了波尔多白葡萄酒，开始在当地投资种植白葡萄。他们引进了德国的白葡萄酒酿造技术，例如使用硫来停止发酵（硫是抗微生物剂，可以减缓酵母的生长与活性），维持剩余的糖以保持甜度。做法是将蜡烛芯在硫黄液体中浸湿，然后在发酵桶内点燃。这样蜡烛芯上的硫就会慢慢被葡萄发酵液吸收，发酵就减缓了。荷兰人确定苏玳是适合种植白葡萄，并可以生产白葡萄酒的地区。该区域所生产的葡萄酒，在当时被称为"甜葡萄酒"，但不确定那时的荷兰人是否已经开始使用有贵腐病的葡萄来酿酒。

用被真菌感染的烂葡萄酿出来的酒也许对消费者来说并没有太大的吸引力，因此酿酒商人一直对灰霉菌的事情守口如瓶。17世纪就有记载，每年到了10月，会有一部分赛美蓉葡萄感染贵腐病，葡萄园的工人必须将健康与腐烂的葡萄分开，但是工人们并不知道这些腐烂的葡萄是否会被用来酿酒。到了18世纪，使用贵腐葡萄来酿酒的做法已是众所周知的"公开秘密"。

美国第三任总统托马斯·杰斐逊是位品酒专家，当时还是驻法国大使的他（1785—1789），有一次拜访了伊肯堡，过后他写道："苏玳甜酒是法国最好的甜白酒。"他随后给自己订了250瓶1784年份的酒，也给华盛顿总统订了30箱。不过，当时的苏玳尚没有用贵腐病染病葡萄来酿酒的技术，所以杰斐逊喝到的应该是一般的甜白酒。

与大部分波尔多酒产区一样，苏玳属于海洋性气候，秋天时会有秋霜、冰雹和暴雨，足以摧毁整个年度的生产。苏玳区位于波尔多市东南40千米处，有加龙河及其支流锡龙河。锡龙河源自泉水，所以比加龙河更冰凉。秋天时，那里的气候温暖而干燥，两河相遇之处会因为河水的温度不同而起雾。雾气从傍晚到隔天早晨飘过葡萄园，造成了非常适合灰霉菌生长的条件。到了中午时分，温暖的太阳有助于驱散雾气并使贵腐葡萄干燥，避免其他腐败病的形成。

广义的苏玳产区由 5 个小产区组成，分别是巴萨克（Barsac）、苏玳、博美（Bommes）、珐戈（Fargues）及佩纳可（Preignac）。若某一年葡萄没有染上贵腐病，苏玳区的葡萄酒生产者往往会生产干白酒，并将这些酒通称为波尔多酒，而非苏玳酒。被称作苏玳酒必须符合的条件是，葡萄酒的酒精浓度必须高于 13%，并通过品酒测试。虽然苏玳酒必须具备其特有的甜味，但并没有明确规定要含有百分之多少的糖分。

米曲霉

Aspergillus oryzae

日本国菌

米曲霉
Aspergillus oryzae

米曲霉在亚洲饮食中占有重要地位。米曲霉除了用来发酵大豆以制成酱油、味噌与甜面酱外，也用于糖化稻米、土豆与麦子等粮食发酵以制作成酒类，如清酒与烧酎[1]等；还被用来制作米醋。虽然米曲霉直到19世纪才被正式分离出，但早在这之前的1766年，充满生意头脑的美国人沙缪尔·鲍文（Samuel Bowen）就已经从中国学得酿造技术，开始在佐治亚州（Georgia）贩卖与出口酱油。

成为国菌的千年之路

想要梳理米曲霉的历史脉络，就不能不追溯"米的发酵"这一线索。据记载，米曲起源于中国。公元前300年，中国周朝的《周历》首先出现"曲"的文字记载，"麴"即是"曲"，这也是第一个与酱油、味噌，以及清酒有关的史料记载。据公元前91年司马迁在《史记》中的记载，"发酵的黑豆"与"酱"已经是商业活动中常见的大宗货品。公元100年的《礼记》中，描述了如何制作清酒，这是已知的最早描述清酒制作过程的

米曲霉

◆ 原生地（发现地）：
中国。

◆ 拉丁文名称原意：
Aspergillus，由拉丁文 *aspergillum*（一种用来泼洒圣水的器具）而来。*oryzae, oryza*（所有格 or̄yzae）的意思是"米"。

◆ 危害或应用：
酿酒。

1　烧酎是蒸馏酒的一种，经过"蒸馏"变成相当浓烈的酒。

史料。而公元 121 年东汉许慎的《说文解字》中，更是对"曲"做出了定义，是最早用具体文字描述"曲"的文献："籟：酒母也。从米，省声。"

米曲与酿酒技术起源于中国，并在日本发扬光大，最后流传到了西方。1712 年，曾短暂旅居日本的恩格尔伯特·坎普尔（Engelbert Kaempfer）在其所著的《异域采风记》（*Amoenitates Exoticae*）里，提到"曲"是制作味噌最重要的原料，不过当初可能因为发音的问题，坎普尔称"曲"为"koos"。1779 年，《大英百科全书》第二版，在介绍"扁豆"的章节中就提到"koos"，承袭的是坎普尔的说法。1876 年，于日本东京医学校（即今日的东京大学医学部）任教的德国教师赫尔曼·奥尔伯格（Herman Ahlburg）从酿清酒的酒曲中分离出米曲。1878 年 3 月，松原新之助在《东京医学杂志》上发表的《米曲理论》，是第一个提到米曲霉拉丁名称（分类的二名法）的科学论文。当时，松原新之助将米曲归类在散囊菌属（*Eurotium*），并将之命名为"稻瘟病"（Eurotium oryzae）。1884 年，米曲被德国生物学家费迪南德·朱利叶斯·科恩（Ferdinand Julius Cohn）从散囊菌属移至曲菌属，并重新命名为"米曲霉"。

1894 年，日本人高峰让吉申请了"高峰氏淀粉酶"的专利，其实就是米曲霉产生的淀粉酶。淀粉酶是第一个在美国得到专利的微生物酶。1895 年 7 月，高峰让吉与派德制药厂（Parke Davis）签订合约来制造"高峰氏淀粉酶"，淀粉酶成为北美地区已知的最早商业化生产的酶。1972 年，埃瑞璜贸易有限公司（Erewhon Trading co., Inc.）开始进口日本的传统食物"曲"。这时，"曲"已经被世界公认为是日本的传统食物。米曲霉更是在 2005 年完成基因体定序。而就在前一年，日本东北大学名誉教授一岛英治于《日本酿造协会志》中，提议将"米曲霉"定为日本国菌，2006 年 10 月 12 日，日本酿造协会在大会上正式通过了这个提案。

清酒、味噌与酱油

清酒是用米与米曲霉酿造而成的，有日本国酒之称。关于在酒屋中贩卖清酒的文献记载，最早出现于奈良时代（710—794）成书的古诗歌总集《万叶集》中。公元 927 年，律书《延喜式》中详细记载了当时的酿酒方法——主要由皇室酿制，供天皇饮用或在特定仪式中使用。到了 15 世纪，酿酒的工作转移给了神社与寺院，酿酒技术已趋成熟。当时的做法是利用乳酸菌发酵，产生可抑制杂菌生长的酸，也就是"酒母"，然后再将曲、水和蒸熟的米加入酒母中。在室町时代（16 世纪），专业酿酒法已经传到寺院与神社之外，且有酒类商品在民间销售。日本的九大清酒品牌，也都是老字号，分别是大关、日本盛、月桂冠、白雪、白鹿、白鹤、菊正宗、富贵与御代荣。

味噌是日本饮食文化中不可或缺的调味料，有千年以上的历史。在黄豆中加入米曲霉及盐，发酵一段时间后，就成了味噌。味噌的色泽与风味取决于米曲霉的种类、米曲霉和盐的比例，以及发酵熟成时间的长短。味噌在奈良时代就已经出现在文献中，当时称之为"未酱"。到了室町时代，味噌开始在日本各地普及，那时的味噌会保留米或大豆的颗粒。在日本的战国时代，味噌是重要的军粮。

酱油主要是利用米曲霉在大豆上生长发酵而来的，其对东亚、东南亚及南亚地区的饮食文化影响深远。据史料记载，最早以植物为原料酿制的酱油被称为"豆酱"，"豆酱"在汉朝或汉朝之前就已经普及，东汉王充所写的《论衡》（86年）一书中就提到："世讳作豆酱恶闻雷⋯⋯"其意思大概是，当时人们做豆酱的时候忌讳听到打雷。发展出这样的特殊忌讳，说明制作豆酱已经是当时老百姓生活的一部分了。"酱油"一词最早出现在中国南宋林洪所写的食谱书《山家清供》（960—1279）中："韭叶嫩者，用姜丝、酱油、滴醋拌食。"此后，酱油一词就普遍出现在各类书籍中。不过因各地方言的不同，清酱、豉油与豆油等都是酱油的别称。

酱油之王：鲁氏接合酵母

◆

　　制作酱油需要经过很多阶段的发酵，其中也有很多不同的微生物参与。而最重要的一个过程，也就是生产高质量酱油的精髓，是让酱油产生焦糖般的香气，而这个步骤没有鲁氏接合酵母（Zygosaccharomyces rouxii）是办不到的。1970 年，日本的科学家确认鲁氏接合酵母产生的风味主要来自"呋喃酮"。鲁氏接合酵母通常在高渗透压的地方栖息，例如酱油、蜂蜜、枫糖浆及红酒当中。在东亚、东南亚及南亚地区，鲁氏接合酵母在腌制与发酵制备食品中扮演了重要角色，其中最著名的就是酱油与味噌，在制作黑醋的早期阶段亦有重要功用。鲁氏接合酵母是少有的腐败酵母菌被用在腐坏的食物上，仍然符合"优良制造标准"（GMP）的菌。

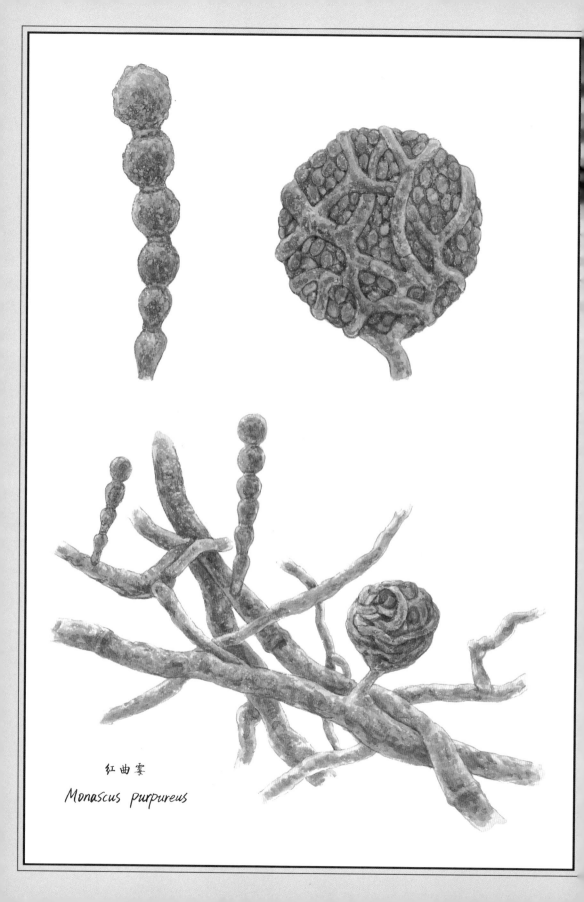

红曲霉

Monascus purpureus

红色的滋味

红曲霉

Monascus purpureus

　　红曲霉属海洋真菌的一支，1895 年于地中海地区被分离出。不过，早在 1884 年就有荷兰科学家在爪哇岛发现当地居民使用长满红霉的米，并鉴定与分类出好几种红曲。1973 年，日本人远藤章在青霉菌（*Penicillium* spp.）的培养基中发现了红曲。1980 年后，他进一步发现红曲可以抑制胆固醇的合成。1985 年，美国科学家迈克尔·布朗（Michael S. Brown）与约瑟夫·戈尔茨坦（Joseph L. Goldstein）研究发现，由红曲霉产生的莫那可林（Monacolin）可抑制胆固醇的合成，因此获得诺贝尔奖，红曲霉从此名声大噪。中国台湾的红曲霉早期由祖国大陆传入，之后日本学者在中国台湾分离出本土红曲霉，并将之命名为赤红红曲霉（*Monascus anka*），anka 是台语"红曲"的读音。

可食用的"红"

　　红色在中华文化中是代表吉祥的颜色，食物也要染成红色才讨喜。福建泉州一带的传统食材"红糟"，其实就是红曲米和酿酒剩下的酒饼发酵而成的再制品。把五花肉浸入红糟制成"红糟肉"，其淡淡的酒香与桃红的色泽实为人间美味。其实，在食物中添加红曲的另一

红曲霉

◆ 原生地（发现地）：
最早记载于 1637 年成书的《天工开物》。1895 年在地中海地区被分离出。

◆ 拉丁文名称原意：
Mon，意思是"单一"。*ascus*，意思是"囊"。所以词义就是"单一子囊"。*purpureus*，意思是"深红"。

◆ 危害或应用：
食用与酿酒。

个目的是防腐，这是因为中国南方气候温暖，夏季潮湿，食物不易保存。

据说，红曲的起源可追溯至 2 000 年前的东亚地区，不过，最早的文献记载是中国北宋时期，当时陶谷在《清异录》（965 年）中记载："孟蜀尚食掌《食典》一百卷，有赐绯羊。其法以红曲煮肉，紧卷石镇，深入酒骨淹透，切如纸薄乃进，注云'酒骨糟'也。"这里的"红曲煮肉"指的就是用红曲烹调肉类。《本草纲目》（《谷之四》）对红曲也有所介绍："经络，是为营血，此造化自然之微妙也。造红曲者，以白米饭受湿热郁蒸变而为红，即成真色，久亦不渝，此乃人窥造化之巧者也。故红曲有治脾胃营血之功，得同气相求之理。"而《中国药学大辞典》（1935 年）对红曲主治功能的描述为："消食活血，健脾燥胃，治赤白下痢，下水谷。"

红曲在食品上的使用范围很广，有腐乳、米醋、叉烧，还有北京烤鸭等。除了这些食品外，红曲在传统上常被用于食物染色。另外，红曲也被用于酿酒，因为它能产生很多纤维酵素，有助于纤维转化成葡萄糖。中国的绍兴酒、日本的红米酒还有韩国的红酒，都是用红曲酿的酒。

红曲霉可以产生好几种天然的食用色素——红色素（红曲霉紫色素与红斑胺）、橙色素（红曲霉红色素与红斑素）及黄色素（红曲霉黄色素与红曲黄素）。红曲与栀子花搭配可以产生更多色素，不过欧盟禁止使用含有栀子花成分的食用色素。在所有已知的天然色素中，红曲色素相对比较稳定（耐热、酸、高盐、高糖及盐基物），酸碱值的耐受度范围大（pH 3 ∽ pH 12），因此可为富含蛋白质的食品着色。

近来，在对动物的实验研究中发现，红曲具有降血压的功效。红曲在日本已获准作为保健食品贩卖。此外，红曲产生的红曲霉素 A 也被证实有抑菌的功效，可用作天然防腐剂。红曲菌可产生超氧化物歧化酶（SOD），具有抗氧化的功效。红曲的抗氧化功效，理论上来说具有防癌与抗癌的潜力，不过还需要进一步的研究，才能了解实际情况。

莫那可林 K

莫那可林 K（中国台湾卫生管理部门建议每日摄取量至少 4.8 毫克，但不得超过 15 毫克）是胆固醇合成的抑制剂，已经在动物身上得到证实；它还有减缓植物生长的功效，因此被用作除草剂；还可干扰昆虫激素的分泌，兼有杀虫剂的功效。

不可食用的"红"

红曲在生长过程中会产生橘霉素（citrinin），也就是所谓的"红曲毒素"。橘霉素可以抑制造成食物腐败的细菌的生长，进而达到保存食物的目的。不过不幸的是，这个抑菌剂对我们的身体并不好，食用过量会造成肝脏与肾脏负担，长期过量食用会对这些脏器造成伤害。依据中国台湾卫生管理部门 2006 年"健康食品的保健功效评估方法和规格标准之建立成果报告"的建议，健康食品应符合橘霉素含量低于百万分之二（每升2毫克）的规定。虽然不是所有红曲都会产生毒素，但只要在发酵环境不佳的状况下，毒素就很容易产生。不过从外观上很难判断眼前的红曲产品是否含有毒素，所以选择大品牌的商品可能是唯一比较安全的方法。不然就听从医生的建议，凡是肝肾功能不佳的患者，都尽量避免食用。科学家也正在积极努力地研究，如何完善标准制程才不会产生毒素。期待这个已经深入我们生活的"红色味道"能够更安全，世世代代相传下去。

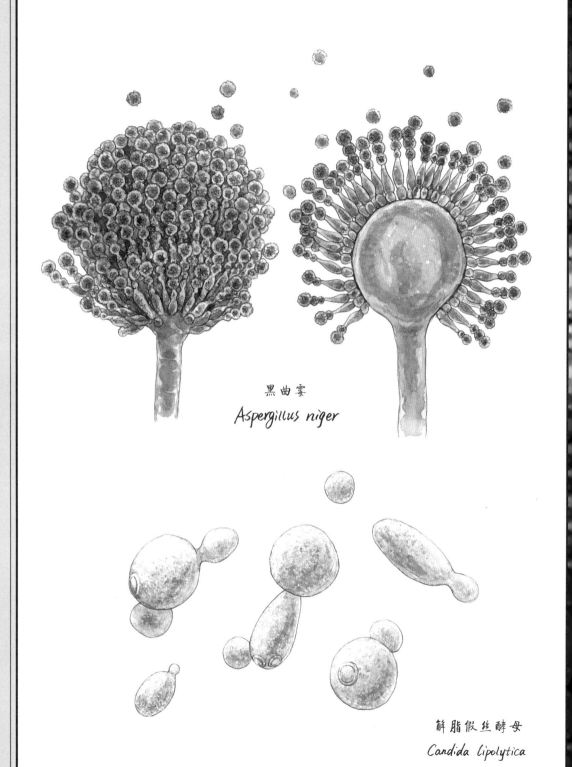

黑曲霉
Aspergillus niger

解脂假丝酵母
Candida lipolytica

饮料工业的二次革命

黑曲霉与解脂假丝酵母

Aspergillus niger & Candida lipolytica

柠檬酸是食品与医药工业中很重要的原料。意大利于1809 年开始工业化生产柠檬酸，当时主要是从柑橘类水果中提炼。不过 1917 年，美国食品化学家詹姆斯·柯里（James Currie）发现，利用黑曲霉发酵就能非常有效地生产柠檬酸，且成本更低廉。柠檬酸快速、大量地产生，不仅摧毁了传统柠檬酸产业，也彻底改变了食品添加工业。黑曲霉不再只被用来生产柠檬酸，还被用来发酵生产高果糖玉米糖浆，广泛添加于无酒精饮品、酸奶及饼干中。

高效率的柠檬酸生产者

柠檬酸是一种有机弱酸，又名枸橼酸，无色无臭，有很强的酸味，易溶于水。它常被用作天然防腐剂，以及食物和无酒精饮料的酸味剂。此外，它还是一种对环境无害的清洁剂。柠檬酸于 8 世纪时，由阿拉伯炼金术师贾比尔·伊本·哈扬（Jabir Ibn Hayyan）发现。1784 年，瑞典化学家卡尔·威廉·谢勒（Carl Wilhelm Scheele）首先从柠檬汁中结晶分离出柠檬酸。

直到 1809 年，意大利的柑橘产业才真正让柠檬酸的生产进入工业化量产阶段。1893 年，德国科学家

黑曲霉

◆ 原生地（发现地）：
世界各地。

◆ 拉丁文名称原意：
Aspergillus，由拉丁文 *aspergillum*（是一种用来泼洒圣水的器具）而来，根据其形状命名。*niger*，黑色。

◆ 危害或应用：
生产柠檬酸。

卡尔·韦默尔(Carl Wehmer)发现灰绿青霉(*Penicillium glaucum*)可以以糖类为原料代谢制造柠檬酸,隔年便出现了利用灰绿青霉发酵制作柠檬酸的工厂。不过 10 年后,工厂就因为生产效率不佳,还有挥之不去的污染问题而关闭。1913 年,科学家扎霍斯基(B. Zahorsky)为一株可以生产柠檬酸的新真菌申请了专利,也就是黑曲霉。1916 年,汤姆和柯里(Thom & Currie)进行了一系列关于黑曲霉的基础研究,发现这一属真菌都具有产生柠檬酸的能力,其中又以黑曲霉的生产效率最高,这项研究也为柠檬酸工业带来了新希望。不同于灰绿青霉,黑曲霉可以在 pH2.5 ～ 3.5 的环境下生存,这样的酸碱值不利于其他微生物生长,所以大大降低了污染。

天然柠檬酸最初产于美国加州、意大利和西印度群岛,到了 1922 年,世界柠檬酸的总销售量有 90% 来自美国、英国与法国。1923 年,美国辉瑞制药厂建造了世界上第一家以黑曲霉发酵生产柠檬酸的工厂。

饮料工业长跑接力赛

用黑曲霉发酵生产柠檬酸,改变了从水果中提炼柠檬酸的传统方法,在更省钱的情况下能生产更多产量和更高质量的柠檬酸。不过,由于发酵需要消耗大量的糖及粮食,再加上柠檬酸的应用范围越来越广,不仅是食品加工业中非常重要的添加剂,同时也被广泛应用于医药与染料工业中,因此需求量逐年增加,不堪负荷。为了摆脱困境,人们发现了另一种可以以石化原料正烷烃为原料，发酵生产柠檬酸的真菌，那就是解脂假丝酵母。

1968 年，日本已经发展出以烷烃（石蜡）为碳源 [1]，发酵产生柠檬酸的新制程。利用解脂假丝酵母来代替黑曲菌作发酵剂，可生产出数量可观的柠檬酸和异柠檬酸。

烷烃的价格低廉，再加上有许多生物都具有利用烷烃的能力，所以这个发现大大影响了 20 世纪 60—70 年代的发酵工业。使用解脂假丝酵母生产柠檬酸，是一个典型的例子，也成了许多专利的支撑和来源。然而，柠檬酸的生产建立在利用烷烃之上，在制作过程中还会产生异柠檬酸，除了会影响柠檬酸的产量外，还会导致回收的困难。此外，烷烃的价格自 1973 年以来增加了 4 倍，已不再是便宜的原材料。

之后，以油和脂肪为碳源，生产柠檬酸的方法出现了。以棕榈油作为碳源，用解脂假丝酵母的突变株来生产柠檬酸的效率可以达到 145% 以上。还有其他一些小规模的做法是利用黑曲霉发酵油脂，来生产柠檬酸；也有用油脂作为黑曲菌的唯一碳源来发酵，成功生产出柠檬酸。虽然柠檬酸的生产可以利用油脂，而且产量又高，但生产成本仍然过高，要想和使用烷烃的成本一样低廉，目前还不可能。另外，还有以石蜡为原料，利用解脂假丝酵母生产柠檬酸的方法，且其产量宣称可高达 95%。1974 年，美国辉瑞制药厂就为"利用解脂假丝酵母连续发酵的方法，于单一生物反应器中，连续加入石蜡，再将发酵液连续取出"这个方法申请了专利。

解脂假丝酵母

◆ **原生地（发现地）：**
动植物身上、土壤中，甚至医院里都有其踪迹。

◆ **拉丁文名称原意：**
Candida，拉丁文"白"的意思。
lipo，希腊文 lipos，意即"肥"。
lytica，"分解"的词根（lysis），来自希腊文 lusis，意思是"放松"。

◆ **危害或应用：**
生产柠檬酸。

---

1 凡是能为微生物提供生长繁殖所需碳元素的营养物质叫作碳源。

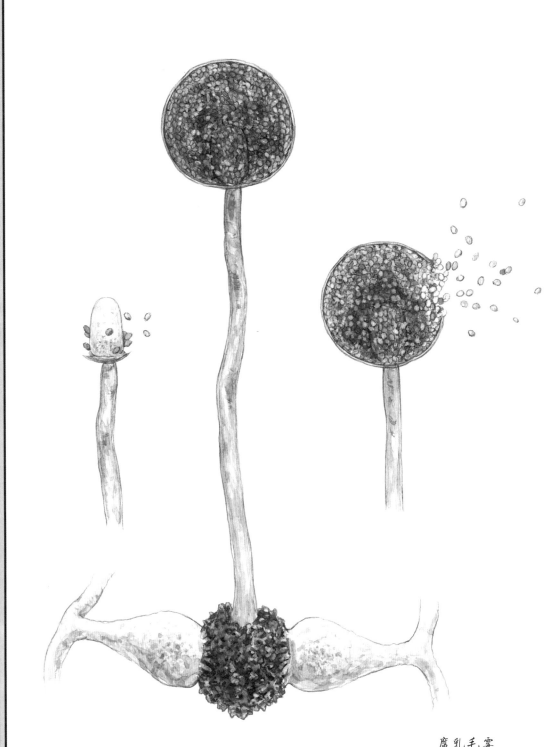

腐乳毛霉
Mucor sufu

臭的艺术

腐乳毛霉与米黑毛霉菌

Mucor sufu & Mucor miehei

用毛霉菌发酵的食品，如西方的奶酪和东方的腐乳，自古以来就是具有特殊风味的美食。豆腐乳的起源地尚不明确，一说是北魏时期的中国，也有一说是琉球周围的小岛。然而，500 年来默默参与酿造豆腐乳的真菌"腐乳毛霉"，一直到 1929 年才由华人微生物学家魏岩寿在《科学》杂志上正式发表，确认了它的关键地位。

豆腐乳的淘金之旅

酿造豆腐乳主要有两种方法——长霉之前盐渍，及长霉之后盐渍。若是后者，首先要为豆腐接种孢子，然后将其保存在一个温暖的地方（培养）数天，直到每个豆腐立方体都长满白色菌丝后，再将这些长霉的豆腐浸入酒中盐渍（包括米酒、水和盐的混合物），置于室温中熟成，这个过程通常需要几年的时间。若发霉的豆腐不经盐渍，直接拿去油炸，就是臭豆腐了。

相传，淮南王刘安召集门客，共同撰写了《淮南子》，里面就提到豆腐，算是豆腐的发明者。到了清朝，李化楠的《醒园录》中已详细记述了豆腐乳的制作方法。1783 年，日本文献中首次出现有关豆腐乳的记载，

腐乳毛霉

◆ 原生地（发现地）：
世界各地。

◆ 拉丁文名称原意：
Mucor，新拉丁文，与 ēre 意思相同，是"发霉"的意思，词尾再加上 *-or*。*sufu*，意思是"豆腐"。

◆ 危害或应用：
食品发酵。

是大阪何必醇所著的《豆腐百珍续编》。第一个在日本东京帝国大学教授日本文学的英国人巴希尔·霍尔·张伯伦（Basil Hall Chamberlain）的祖父霍尔船长在琉球期间，曾接受当时琉球国王的宴请，并做了这段记录："有一种很像奶酪的东西，但实在看不出也猜不出那是用什么做的。"据推测，霍尔船长当时看到的食品，应该就是豆腐乳。

1858年，中国人去澳洲淘金，身上必带不会因长途旅行而腐坏的豆腐乳。随后的1878年，豆腐乳被带到旧金山，隔年登上了《哈特福德日报》（*Hartford Daily Courant*），其中有文章称豆腐乳为"盐豆腐"。到了1882年，豆腐乳来到法国，得到了一个正式的西方名字"黄豆奶酪"。

中国台湾早期对豆腐乳的记载是空缺的——17世纪60年代，大批从闽南来到台湾的人是否将制作豆腐乳的技术带了过来，如今找不到任何可考证的记录。1929年，魏岩寿在《科学》杂志上发表与豆腐乳相关的论文，同时也让他成为第一位于该杂志发表论文的华人微生物学家。在魏岩寿的带领下，中国台湾的豆腐乳制作技术已是首屈一指。现在，中国台湾的臭豆腐与豆腐乳都有了自己的风味。

奶酪之母：凝乳酶

米黑毛霉菌是嗜热菌，可耐高温50℃以上，适合用来生产耐高温的酵素。米黑毛霉菌可以产生脂肪酶，在食物脂肪的分解、传输和转化上扮演着重要角色，曾是古人制作酸奶与奶酪不可或缺的一员。现在基因工程学带来了重组脂肪酶，不但便宜，而且有了更广泛的用途，例如烘焙面包或当作洗涤剂，甚至可以作为替代能源的生物催化剂，将植物油转化为燃料。另外，在化妆品或保养品的添加物中，也常用米黑毛霉菌产生的固定化脂肪酶来进行酯化反应。

除了脂肪酶，米黑毛霉菌还可以用来生产凝乳酶。凝乳酶是一种蛋白酶，能凝固牛奶中的酪蛋白，帮助年幼哺乳类动物消化母亲的乳汁。以往制作奶酪，人们必须宰杀牛犊或羊羔，以取得其皱胃内膜中的凝乳酶。传统方法是将牛犊的胃切成小块并加以清洁，处理至干燥，然后放入盐水或乳清中，连同一些醋或酒，以求降低溶液的酸碱值。经过一段时间后（通常是隔夜或数天），将溶液加以过滤。粗制凝乳酶将残留在滤出的溶液中，正常来说，1 毫升凝乳酶就可以凝结 2～4 升的牛奶。由动物而来的凝乳酶生产数量有限，自罗马时代，奶酪制造商就一直在寻求凝聚牛奶的其他方法，例如用植物与真菌等微生物来生产凝乳酶。许多植物都具有凝乳特性，如希腊人就用无花果汁的提取物来凝固牛奶，刺山柑、荨麻、蓟、锦葵和地面常春藤也有类似的功用。植物性凝乳适合素食者，而市面上贩卖的素食凝乳通常使用的就是米黑毛霉菌。

洛克福特青霉

Penicillium roqueforti

奶酪之王

洛克福特青霉

Penicillium roqueforti

洛克福特青霉亦称娄地青霉，对人类的贡献之一，就是将牛奶变成了令人垂涎三尺的人间美味——蓝纹奶酪。不过人们发现，它不仅存在于乳制品环境中，也存在于天然环境（森林的土壤和腐木）中，以及青贮饲料中。洛克福特青霉可以在很苛刻的条件下生长，低温、低氧、高二氧化碳浓度，以及含有机酸和弱酸防腐剂的环境都难不倒它，并且它会造成冷藏保存食品、肉类及小麦产品变质。奶酪制造业有很多的青霉品种，例如斯蒂尔顿青霉、戈贡佐拉青霉和芳香青霉，然而这些都是"技术性"的名字，它们全是"洛克福特青霉"。

香气浓郁的蓝色王者

虽然洛克福特青霉有许多用途，例如生产调味剂、抗真菌剂、多糖、蛋白酶和酵素，不过，它最著名的功绩还是制造出了让人魂牵梦萦的洛克福特蓝纹奶酪。其命名来自出产蓝纹奶酪最著名的地区——法国洛克福特。约公元前 3000 年，苏美尔人记载的软奶酪是奶酪诞生后的最早文献证明；然而蓝纹奶酪在文献中被提及，最早只能追溯到公元 79 年，首次出现在老普林尼所著的《自然史》中。据说，蓝纹奶酪是法兰克王国加

洛克福特青霉

◆ 原生地（发现地）：
法国苏宗尔河畔洛克福特村（Roquefort）。

◆ 拉丁文名称原意：
Penicillium，来自拉丁文 *pēnicil（lus）*，是由 *pencil*（刷子）与词根 *-ium（suff）* 组成，意思是"一缕发"，是根据如一缕发般的孢子囊的形态而命名的。*Roquefort*，地名。

◆ 危害或应用：
制作奶酪。

洛林王朝（571—911）的国王查理曼（Charlemagne）最喜欢的奶酪，因此又被称为"国王与教宗的奶酪"。

洛克福特青霉最早是在洛克福特村，康巴卢山山洞里的土壤中发现的。传统制作方式，是将面包放在山洞中 6 ～ 8 周，直到面包长满蓝色霉菌，也就是洛克福特青霉，然后去除表面，只留面包心，干燥后磨成粉末，再使用这种面包粉末制作法国洛克福特羊乳干酪。奶酪制作是一种古老工艺，现在已知的奶酪种类超过 1 000 种。最早制作奶酪的证据可以追溯到公元前 6000 年，也就是新石器时代，出土的陶器内还保留着一些有机残留物，鉴定后确认那曾是奶酪。2018 年，埃及考古学家在埃及古墓中发现了一块距今有 3 200 年历史的完整奶酪，可见在当时，奶酪备受人们的喜爱，甚至被拿来当作陪葬品。

奶酪产品有许多优点，包括让牛奶质量稳定易于储存、方便运输、提高牛奶的消化率，以及让人类饮食多样化等。在众多奶酪中，蓝纹奶酪的生产过程不同于一般奶酪，深受不同国家民众的喜爱。每一种蓝纹奶酪都有特定的制造工艺，且各具鲜明特色。有些蓝纹奶酪的名称已获得欧盟"原产地名称保护"（PDO）或"地理标志保护"（PGI）的认证。例如法国人称"奶酪之王"的洛克福特羊乳干酪，就是最早获得"原产地名称保护"认证的奶酪（1925 年），其熟成时间至少要 3 个月，而且其中 2 周需要将奶酪置于苏宗尔河畔洛克福特村的天然酒窖中。

目前，全世界只有 7 家奶酪生产工厂经过认证，可以生产正宗法国洛克福特羊乳干酪。奶酪上著名的"蓝纹"标志及特殊风味，都来自洛克福特青霉，可以说是洛克福特青霉与人类的巧遇让这种美味得以出现。

谁吃了第一口蓝纹奶酪

传说有一个年轻的牧羊人，放羊的时候在山洞里休息吃午餐。这时，他看见一个非常漂亮的女孩，就丢下吃剩一半的羊奶凝乳块与面包，不顾一切地跑去追那个女孩。这一去，年轻的牧羊人就把留在山洞里的午餐忘得一干二净了。过了几个月（看样子，年轻的牧羊人没有追求成功），他赶着羊经过同一个地点，时近中午又进到同一个山洞中准备用餐，结果发现他之前留下来的午餐还在原处，但是羊奶凝乳块与面包都已经长满了霉菌。此时吃完午餐却依旧很饿的牧羊人，索性尝了一口那块发霉的羊奶凝乳块，惊讶地发现，羊奶凝乳块不但没有坏，还变得更加好吃了。虽然这则传说的真实性不强，不过无论如何，我们都应该感谢第一位发现洛克福特羊乳干酪的人——面对长满霉菌的奶酪，他竟有勇气一口吃下。

世界三大蓝纹奶酪

◆

洛克福特羊乳干酪于公元 1070 年被首次记载，产于法国苏宗尔河畔的洛克福特，需要特定的羊乳，并在石灰岩洞里成熟。干酪内布满青霉造成的大理石般的纹路，具有浓郁的羊乳味道，以及因青霉而产生的辛辣口味。

斯蒂尔顿干酪（Stilton），首次记载于公元 1785 年，产于英国，质地稍硬，但香味醇厚且口味辛辣。不同于洛克福特羊乳干酪，斯蒂尔顿干酪是以牛乳制成的。

戈贡佐拉奶酪（Gorgonzola），首次记载于公元 879 年，产于意大利，熟成时间愈久，质地愈黏稠。以牛乳制成，也有刺激口味。

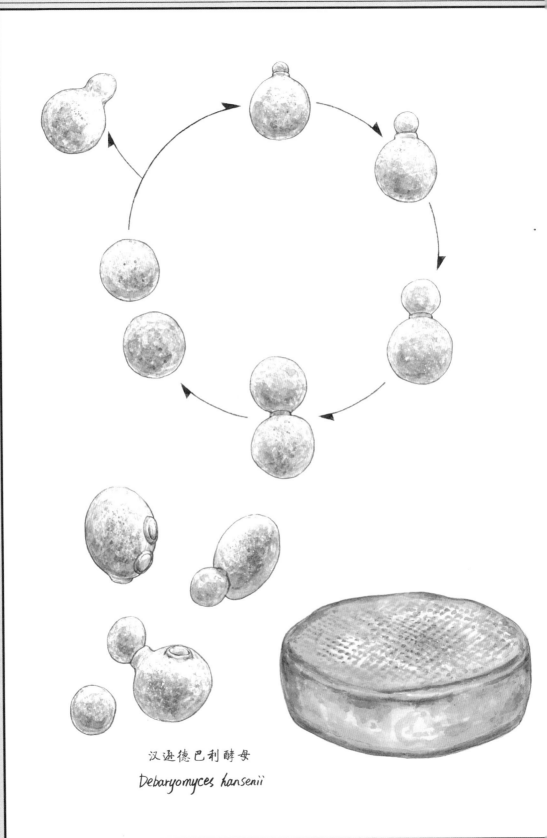

汉逊德巴利酵母
Debaryomyces hansenii

新时代健康卫士

汉逊德巴利酵母
Debaryomyces hansenii

汉逊德巴利酵母是海洋真菌的一员，与环境息息相关，其二次代谢物能抑制其他酵母生长，对于食品风味的形成有重大影响。汉逊德巴利酵母是生产木糖醇最有效率的真菌，木糖醇是对人体无害的甜味剂，甜度与蔗糖相当，热量却低了33%，可以抑制肺炎链球菌、流感嗜血杆菌，以及增加口水分泌，还可以用于牙齿保健。

奶酪风味指挥家

汉逊德巴利酵母常见于所有类型的干酪与乳制品、清酒糟、味噌、凝乳、初期发酵阶段的酱油及卤水中，因为它能够生长在高盐及低温环境中，并代谢乳酸和柠檬酸。汉逊德巴利酵母也经常出现在香肠与绞肉中，是生物技术应用中很有潜力的微生物。虽然这种酵母作为微生物在渗透压方面已经有着极端的表现，但它并没有就此止步。除了普通的糖，汉逊德巴利酵母还能够代谢正烷烃、蜜二糖、棉子糖、可溶性淀粉、肌醇、木糖、乳酸及柠檬酸。此外，它还可以形成阿拉伯糖醇及维生素 B_2（又叫核黄素），因此也被工业用来规模生产维生素 B_2。

汉逊德巴利酵母

◆ **原生地（发现地）：**
自然界海洋环境中，也常见于奶酪当中。

◆ **拉丁文名称原意：**
Debaryomyces，*Debari* 是人名，海因里希·安乐·德·巴里（Heinrich Anton de Bary, 1831—1888）是德国一位外科医生，同时也是植物学家、微生物学家和真菌学家，专长是真菌系统分类与整理。
myces 是新拉丁文，源自希腊文 mykēs，意思是"真菌"。
hansenii，人名。

◆ **危害或应用：**
食品与医药。

汉逊德巴利酵母能代谢乳酸、柠檬酸和半乳糖，是因为其乳酸同化作用能大大影响干酪细菌菌相，进而使它们的风味多样化，比如林堡（limburger）、迪尔丝特（tilsiter）、波特萨鲁特（port salut）、特拉普（trappist）、砖块（brick）及丹麦丹波（danish danbo）干酪。另外，汉逊德巴利酵母还能产生与干酪风味有关的挥发性物质，如切达（cheddar）干酪与卡门贝尔（camembert）干酪中的 S–甲硫基（奶酪中最常见的挥发性硫化合物）。

海洋真菌

◆

海洋真菌是一个生活在海洋或河口环境中的真菌物种。它们是以栖息地来分类，而不是以亲缘关系。到 2000 年为止，被记录的海洋真菌大约仅有 444 种，还有很大一部分尚未被发现。海洋真菌很难在实验室培养，通常都是通过 DNA 序列或是检测海水样品得知其性质，以此来推断它们的分类。不同的海洋生物栖息地，会有完全不同的真菌群落。1979 年，由科尔迈尔（Kohlmeyer）博士领导的科研团队，注销了海洋真菌分类，因为他们认为这群真菌只有不到 500 种，没有必要做进一步研究。实际上，真菌家族里的新分支：海洋真菌中的隐真菌（Cryptomycota），一直潜伏在泥土、池塘淤泥和深海淤泥中，分布在地球上各种环境的土壤中，却被我们无视了。DNA 数据已揭示这一类真菌是如何在海洋环境中生存和茁壮成长的。汉逊德巴利酵母与其陆地上的"亲戚"，有相似大小的基因体，却具有较多样的基因数量，因此大大拓展了多样化的基因武器库，以应付来自盐渍环境的挑战。

汉逊德巴利酵母于 1952 年被定名，其无性世代的名称为"无名假丝酵母菌"（*Candida famata*），是一种耐冷、耐热、耐渗透压及耐高盐度（可耐受高达 24% 的盐分）的海洋酵母菌，可以生长在含有 18% 的甘油及 pH3 〜 pH10 的环境中，大概是目前已知地球上耐受度最高的微生物。虽然汉逊德巴利酵母一般被认为是非致病菌，不过它和白色念珠菌在演化上其实是很相近的物种。汉逊德巴利酵母是雌雄同株的酵母菌，具有基本的基因单倍体生命周期，且只有一个交配型基因座。其交配行为（如植物的自花授粉）很少见，而且只产生含单孢子的子囊。

芬兰牙医的秘密武器

100 多年前，德国和法国的研究人员几乎同时从桦树皮中意外提取到了木糖，并用一种叫钠汞齐（Sodium Amalgam）的催化剂对其进行转化，但因为当时的技术问题，产出物中的杂质较多。直到 20 世纪 30 年代，第二次世界大战期间，由于糖的短缺，迫使工程师和化学家去寻找其他甜味剂，而木糖醇正是当时的主要研究对象，这才使得提取木糖的净化技术更上一层楼。

第二次世界大战之后，人们开始注意到木糖醇其他的生物特性，一是它不需要依赖胰岛素来进行代谢，因此适合糖尿病患者食用；二是它可以预防龋齿——口腔内的细菌无法代谢木糖醇，也就不会产生会破坏牙齿的酸性物质。因为这两个特性，木糖醇开始受到重视，各国均将木糖醇投入工业化生产。1975 年，芬兰是第一个以规模化工业提取生产木糖醇的国家，而且还生产了世界上第一款"木糖醇口香糖"，鼓励幼儿园的孩子及小学生用餐之后吃 1 粒，让还不完全会清洁牙齿的孩童也能保持牙齿健康。这项措施让蛀牙人数有效降低，省下了一大笔医疗支出经费。

随着国内外专家对木糖醇的不断研究，发现其功效远不止于控血糖、防龋齿，更有保护肝脏、保持肠道健康、帮助钙质吸收及预防上呼吸道与肺部感染等功效。现在，木糖醇多利用发酵产出，许多真菌都可用于生产木糖醇，包括热带念珠菌（*Candida tropicalis*）、吉利蒙念珠菌（*Candida guilliermondii*）与汉逊德巴利酵母。其中，汉逊德巴利酵母是生产木糖醇最有效率的真菌之一。

Part 5

生态“黑客”

蛙壶菌

Batrachochytrium dendrobatidis

寂静的春天

蛙壶菌
Batrachochytrium dendrobatidis

20 世纪 70 年代，科学家发现两栖类如青蛙、蟾蜍、蝾螈等动物的数量逐年减少。直到 1997 年，科学家针对澳大利亚与巴拿马同时发生的两栖类动物大规模死亡现象展开了深入地调查后，才发现凶手原来是蛙壶菌。在人类历史上，蛙壶菌为两栖类动物带来了最大规模的灾难。在中美洲的某些地区，甚至造成 40% 以上的两栖类动物灭绝。两栖类动物多以虫为主食，其灭绝无疑是对未来农业的巨大冲击。

生态浩劫

蛙壶菌是一种真核微生物，与真菌很相似，属于壶菌纲，以前归类在真菌界，现在才发现其与真菌的亲缘关系遥远。蛙壶菌会形成游动孢子在水中游动，它在常温下的生活史 [1] 是 4 ～ 5 天。蛙壶菌一般为腐生或是寄生于动物体内，也可以寄生在两栖类动物的皮肤上，其寄主病症严重时会影响皮肤功能。蛙壶菌的生长温度

蛙壶菌

◆ 原生地（发现地）：
美洲、欧洲、亚洲（主要在东南亚）、非洲南部与大洋洲。

◆ 拉丁文名称原意：
Batrachochytrium 来自希腊文 batrachos，意思是"青蛙"；-*chytrium* 来自希腊文 chytrion，意思是"杯子""小土罐"。
dendro 来自希腊文 dendron，意思是"树"。
batidos 是西班牙语，意思是"现打果汁"或者"战斗"。

◆ 危害或应用：
造成两栖类动物病害。

---

1 生活史：动物、植物或微生物在一生中经历的发育和繁殖的全部过程。

全球气候变暖

◆

　　人类活动造成温室气体大量排放，间接导致了全球性的气温上升。气候变暖会导致极端气候频繁出现、物种急速消失、疾病流行及海平面上升。加之由于气温上升与降水量异常，本来在较低温地区不会出现的真菌疾病可能会因此出现，不能移动的植物将受害最深，例如韩国与日本的稻瘟病（rice blast）就已经开始北移。

为 4～25 ℃，过高与过低的温度都不适合它生长，因此，不同地区与季节的感染率不同，受感染的两栖类动物主要分布在热带与亚热带地区。20 世纪 80 年代末期，美洲与澳洲对野外蛙类的调查结果发现，两栖类动物因不明原因数量急剧减少，有些甚至已经失去踪影，例如哥斯达黎加云雾森林的金蟾蜍（bufo periglenes）。巴拿马的青蛙种类在 10 年之内（1998—2008）从 63 种锐减至 38 种。更坏的消息是，自 1980 年以来，有超过 120 种两栖类动物已经消失无踪，剩下的都已经被列为严重濒临绝种生物。

　　到底是什么原因让蛙壶菌在近几十年大量繁殖，在全球广泛传播，像失控的火车一样冲撞两栖类动物呢？幕后推手其实是人类。全球气候变暖让原本比较寒冷的地区的春天提早到来，也让夏天变长，原本沉睡的蛙

壶菌因此苏醒，水中生活的两栖类动物成了它们的头号
猎物。

非洲爪蟾

　　蛙壶菌传播的原因可能与非洲爪蟾（xenopus
laevis）的全球交易有关。非洲爪蟾与蛙壶菌有着重叠
的原生栖息地，被感染后不会出现病征，是蛙壶菌的带
原者。非洲爪蟾饲养容易，是很受欢迎的水族宠物；加
上它是发育生物学研究重要的实验动物，在分子生物学
的研究上有着举足轻重的地位。种种原因之下，非洲爪
蟾就这样带着蛙壶菌一起走出了原生地，开启了一趟危
机重重的环球旅行。

　　蛙壶菌其他的传播媒介，还包括牛蛙（rana cates-
beiana）、鸟类及土壤。牛蛙是一种可供食用的养殖蛙
类，从养殖场逃脱后，很可能成为蛙壶菌的带原者。另
外，研究还发现蛙壶菌可以生长在鸟类的羽毛上和潮湿
的土壤中，这暗示了蛙壶菌也可能借由鸟类和土壤进行
传播。

　　美洲、欧洲和澳洲的两栖动物，已因蛙壶菌而出现
大规模的灭绝，例如澳洲的尖鼻宽指蟾（taudactylus
acutirostris）。还有其他岌岌可危的两栖类动物，包
括木蛙（lithobates sylvaticus）、黄腿山蛙（rana mus-
cosa）、南方双带河溪螈（eurycea cirrigera）、圣马科斯
蝾螈（eurycea nana）、得州鲵（eurycea neotenes）、布
兰科河泉大鲵（eurycea pterophila）、巴顿泉大鲵（eury-

cea sosorum）、高原鲵（eurycea tonkawae）、杰斐逊钝口螈（ambystoma jeffersonianum）、西方合唱青蛙（pseudacris triseriata）、蟋蟀蛙（leptolalax applebyi）、锄足蟾（scaphiopus holbrookii）、南方豹蛙（rana sphenocephala）、莱氏林蛙（rana berlandieri）和撒丁岛蝾螈（euproctus platycephalus）。

全球性大型调查结果显示，蛙壶菌已经出现在岛屿国家，如东南亚一带的印度尼西亚和东北亚的日本。最近，亚洲的内陆与半岛国家，如中国、泰国和韩国也出现了蛙壶菌感染的案例。

在两栖类动物中，蛙类占多数，它们在食物链中扮演着掠食者与猎物的双重角色，是食物链中非常重要的环节，也是水生动物与陆生动物之间的连接。假如两栖类动物都消失了，许多害虫的数量将会暴增，进而威胁到公共卫生与食物供应，疾病散播的规模也会因此扩大。全球 6 000 种两栖类动物，有多少可以逃过这场大浩劫呢？

地霉锈腐菌
Geomyces destructans

蝙蝠杀手

地霉锈腐菌

Geomyces destructans

对某些人而言，蝙蝠有些可怕，然而它们其实是人类的好朋友。许多蝙蝠在短短一个晚上就可以吃掉相当于自己体重的昆虫量，包括植物病原昆虫。仅在美国，蝙蝠每年就能帮农民省下数十亿美元的虫害防治费用与农作物损失费用。一只蝙蝠一年可以吃下 1 万只飞蛾、18 万只蚊子大小的昆虫，除此之外，蝙蝠还扮演着传播植物花粉的角色。然而，这个人类的好帮手，现在正面临着极大的威胁。

毁灭者

臭名昭彰的地霉锈腐菌，现在被称为锈腐柱隔孢（*Pseudogymnoascus destructans*），因为 2013 年进行的亲缘关系分析显示，地霉锈腐菌在演化上比较接近假裸囊菌属（*Pseudogymnoascus*），而不是地霉菌属。不过我们在这里还是使用旧名，因为大部分文献仍然以地霉锈腐菌来描述蝙蝠白鼻病菌（Bat white-nose syndrome）。

地霉锈腐菌的生长速度非常缓慢，在实验室培养时温度不能超过 20℃，最适合它生长的温度是 12 ～ 15.8 ℃，

地霉锈腐菌

◆ 原生地（发现地）：
美国纽约州。

◆ 拉丁文名称原意：
Geomyces，Geo 是"地理"的意思，与在地质洞穴中发现了地霉锈腐菌有关。*myces*，新拉丁文，源自希腊文 mykēs，意思是"真菌"。
destructans 等同拉丁文 *dēstruō*，有"毁灭、搞砸"的意思。

◆ 危害或应用：
造成蝙蝠病害。

这恰巧是蝙蝠冬眠时的体温。科学家刚开始研究这种病菌时，发现它的孢子表面看着像镰刀菌，却缺乏镰刀菌孢子那样的分隔。2008年，美国地质调查局的大卫·布莱赫特（David Blehert）在研究时转而求助于分子生物学。经DNA对比后，这种真菌被归类到柔膜菌目（Helotiales）地霉菌属。地霉锈腐菌的发现历史其实很短，但因为它太有杀伤力，2009年，安德里亚·加加斯（Andrea Gargas）等研究者发现时，给它取了一个难以被忽视的名字——"destructans"，意思是"毁灭"。

柯霍氏法则

◆

1882年，德国细菌学家柯霍发表了肺结核病是由结核杆菌引起的研究报告。在这篇报告中，他详述了验证炭疽热和结核病病因的方法。后来，这个方法被所有研究生物病害的科学家作为规范，并称之为"柯霍氏法则"（Koch's postulates）。

1. 可疑病原体（细菌或其他微生物）必须存在于每一个患病的宿主（例如植物）体内。

2. 可疑病原体（细菌或其他微生物）可以与罹病的宿主（例如植物）进行分离，并在纯培养基中生长。

3. 将采自培养基且怀疑是致病菌的菌株接种到一个健康的敏感宿主（例如植物）体内，宿主也必须出现预期的病害。

4. 一样的病原菌，必须可以再次从实验性接种的宿主体内采集到。

蝙蝠白鼻病是一种新的病害，研究者尚不知道这个病害为何忽然出现，还无法完成柯霍氏法则检验，无法断定蝙蝠白鼻病是否由地霉锈腐菌直接造成。不过，组织病理学中文献一直都清楚地记载着，地霉锈腐菌就是白鼻综合征皮肤感染的致病因素。

2011 年，美国地质调查局公布了研究成果，将地霉锈腐菌明确认定为蝙蝠白鼻病的主要祸首。

空荡荡的蝙蝠洞

蝙蝠白鼻病是由地霉锈腐菌引起的病害。这种真菌喜欢在低温的环境中生长，所以蝙蝠通常是在冬眠时被感染。一般而言，冬眠的动物免疫力会下降，这时候蝙蝠白鼻病就有机可乘了。冬眠蝙蝠受到感染的病征，通常是在鼻子与没有毛遮蔽的地方，甚至是翅膀上，长出白色的菌丝。蝙蝠染病后，会提前结束冬眠，飞出洞穴觅食。但由于昆虫都还在蛰伏，饥饿的蝙蝠会因耗尽为过冬储存的脂肪而死亡。

2007 年冬天，科学家在美国纽约州北部的奥尔巴尼（Albany）的 5 个蝙蝠洞穴中，发现了成千上万只已经死亡的小棕鼠耳蝠（little brown bat），死亡率高达81%。这些蝙蝠的口鼻和耳部都长有白色的霉斑。第二年冬天，这种病害已经扩散到了 33 个蝙蝠洞穴。到了2012 年初，传播范围已经扩大到北至加拿大，南到阿拉巴马州，西至密苏里州。这种由地霉锈腐菌感染导致的蝙蝠白鼻病，已经在美国造成 570 万只蝙蝠的死亡，目前已知有 7 种蝙蝠受到这种病害的威胁。研究更发现，很多蝙蝠用以冬眠的洞穴中已经空空如也。预计未来的 20 年内，美国的小棕鼠耳蝠可能会在东部地区销声匿迹。

2011 年，在使用抗真菌剂、杀菌剂和杀生物剂后，证实这些制剂能有效抑制地霉锈腐菌的生长。2014 年，科学家发现了几种具有抑制菌丝生长与孢子萌发功效的挥发性有机化合物，例如苯甲醛。2015 年，人们进一步利用生物农药的概念，以玫瑰色红球菌（*Rhodococcus rhodochrous*）来抑制地霉锈腐菌的生长。虽然地霉锈腐菌造成蝙蝠病害的案例绝大多数发生在美国，但这实则是全球都需要关注的重要议题。

东方蜜蜂微孢子虫

Nosema ceranae

消失的蜜蜂群

东方蜜蜂微孢子虫

Nosema ceranae

东方蜜蜂微孢子虫不是虫，而是一种被归类到微孢子虫目（Microsporidia）的真菌。以前，科学家们认为微孢子虫目是原虫家族的一员，后来由于基因组序列被解码，加上显微镜技术的突破，科学家终于让微孢子虫目的成员回归到真菌界。不过，由于没有再更名，所以才会出现这样的容易让人混淆的名字。东方蜜蜂微孢子虫会造成蜜蜂微孢子虫病，目前被认为是"蜂群崩溃症候群"的主谋之一。

蜂群崩溃症候群

蜂群崩溃症候群（Colony Collapse Disorder，简称"CCD"），指的是蜂巢内大量的工蜂留下女王蜂、大量花蜜及未成熟的幼虫，突然不知所踪。这个现象2006年首次在美国被命名，但其实早在1869年就有文献记载过类似的现象。蜂群崩溃症候群的成因，至今仍然众说纷纭，有可能是病毒，如以色列急性麻痹病毒（Israeli Acute Paralysis Virus，简称"IAPV"），也可能是虫螨、真菌感染及气候变迁，甚至基因改造农作物或电磁波辐射都曾被怀疑是元凶。但是，也有可能是由

东方蜜蜂微孢子虫

◆ 原生地（发现地）：
中国。

◆ 拉丁文名称原意：
Nosema，新拉丁文，由古希腊文 nósēma 而来，意思是"疾病"；或由古希腊文 voσεῖv 而来，意思是"生病"。
ceranae，拉丁文，意思是"蜡，蜡封，蜡写字版"。也跟希腊文 keros 有关，意思是"蜂蜡"，或者单指"蜜蜂"。

◆ 危害或应用：
造成蜜蜂病害。

复杂的多个因素综合造成的。整个蜂群消失的现象到底是新的自然现象，还是一个过去曾出现，现在因为农业的集约而引发的旧现象，至今没有人知道。

在众多的可能性中，东方蜜蜂微孢子虫就是其中一个犯罪嫌疑人。美国研究人员指出，出现蜂群崩溃症候群症状的蜂巢都感染了昆虫虹彩病毒（insect iridescent virus）和东方蜜蜂微孢子虫。虽然这两种病菌并不能单独造成巨大的杀伤力，但当两者联手攻击蜂巢时，致命率高达 100%。

与东方蜜蜂微孢子虫相关的发现与研究，还是近20 年的事。首先是 1996 年在中国的东方蜜蜂身上发现了这种真菌，然后 2005 年又在欧洲的西方蜜蜂身上发现，不久后在非洲、美洲与大洋洲的蜜蜂身上也找到了东方蜜蜂微孢子虫。除此之外，在亚洲与欧洲的其他蜜蜂种群中，也陆陆续续发现了东方蜜蜂微孢子虫，连欧洲、亚洲与南美洲外表讨喜的大黄蜂（bumble bee）也被感染了。中国台湾的欧洲蜜蜂，也在 2004 年被检测出身上带有东方蜜蜂微孢子虫。

2006 年，东方蜜蜂微孢子虫已经感染了法国和德国的蜜蜂种群，美国东部与中部地区也开始出现东方蜜蜂微孢子虫的踪迹。

蜜蜂与我们

蜜蜂是养蜂人依赖的生物，它们产出的蜂蜜深受人类喜爱。不过就环境来说，蜜蜂真正重要的贡献不是蜂蜜，而是授粉。在很多幅员辽阔的国家，如中国和美国，养蜂人会开车载着蜂箱，让蜂箱里的蜜蜂到处为花授粉，好让农作物能按时结果，确保广大的农耕地能产出足够的粮食。农夫则通常会给这些养蜂人一点酬劳。

一直以来，蜂群崩溃症候群都没有得到应有的关注，人们总认为蜜蜂永远不会消失。以美国的杏仁产业来说，如果野生蜂群消失，完全仰赖养蜂人的话，单是加州的杏仁树，就需要200万个蜂群（全美目前有250万个蜂群）才能够充分授粉。然而，蜜蜂一年接一年减少，如果所有的蜜蜂都去加州帮杏仁树授粉，那就没有华盛顿苹果，也没有缅因州蓝莓或是佛罗里达柑橘了。蜜蜂是环境的重要生物学指针，它的消失是环境恶化的警示，表示可能有更大的灾难正悄悄来临。

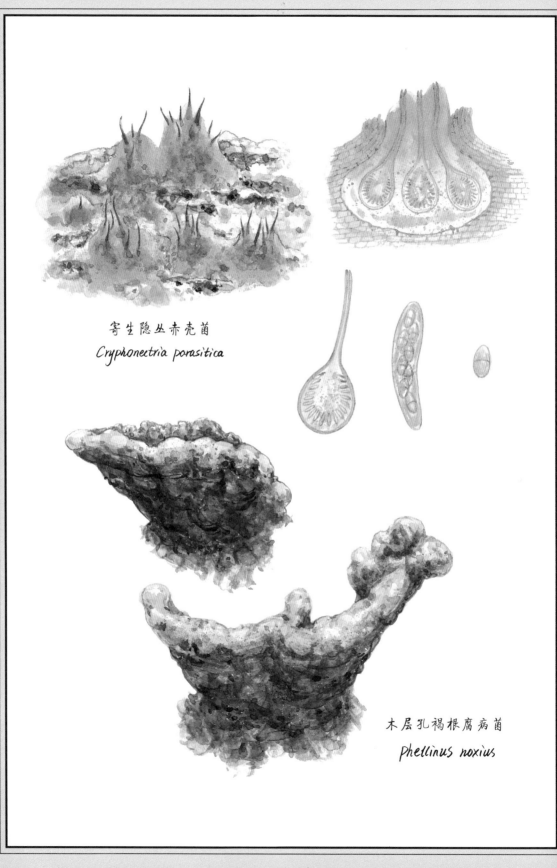

寄生隐丛赤壳菌
Cryphonectria parasitica

木层孔褐根腐病菌
Phellinus noxius

栗树浩劫

木层孔褐根腐病菌
与寄生隐丛赤壳菌
Phellinus noxius
& Cryphonectria parasitica

树木很容易因为真菌而生病，不过，感染真菌的树木不会像草本植物那样很快死去，而是会历经好几年甚至几百年才倒下。因此，通常只有当极端事例出现，例如大范围的林木快速且集体死亡，人类才会惊觉事态的严重性。能够快速摧毁大片森林的生物，除了人类外，大概就只剩下真菌了。

褐根腐病

2013 年 4 月，台湾台南市孔庙旁的一棵老榕树倒下，压到"礼门"，造成了古迹损坏。这棵老榕树罹患了木层孔褐根腐病，根部已经腐烂，因此再也无法支撑沉重的树体。而我国最早发现木层孔褐根腐病菌，就是在台湾，于 1928 年由日本人泽田兼吉发现，然而一直没有得到关注。直到 1990 年，木层孔褐根腐病明显危害到多种经济果树及其他树木，如龙眼、荔枝、梅花及一些具有历史意义的老树后，才逐渐受到重视。2013

木层孔褐根腐病菌

◆ **原生地（发现地）：**
分布在热带地区，例如中美洲、非洲中部、大洋洲及东南亚地区。

◆ **拉丁文名称原意：**
Phellinus，phell- 是"软木塞"。字根 -inus 意味着"最高级"。言下之意就是 *Phellinus* 这属真菌是"最像软木塞的"或意指"最强硬的"。
noxa，是"伤、错、过错、惩罚"的意思。

◆ **危害或应用：**
造成多种树木病害。

气候变迁下的
树木悲歌
◆

荷兰榆树病（Dutch-elm disease）在欧洲中部广泛流行，不断侵袭着美丽的荷兰榆树。温暖的气候会让携带榆枯萎病菌［O.ulmi（Buisman）Nannf.］的甲虫更为活跃，造成疾病传播范围扩大。随着气候变迁，1990年，榆枯萎病菌已向北传到了挪威的奥斯陆、瑞典的斯德哥尔摩和俄罗斯的圣彼得堡。

另一种重要的树病菌，是导致北半球针叶树（苏格兰杉与欧洲赤松）树根与基部腐病的异担子菌，每年大约造成欧盟国家 7.9 亿欧元的损失。异担子菌的孢子，在温度高于 5℃时开始具有感染能力，暖冬会增加感染频率，以及延长感染时间。

年，台湾林业试验所对省内罹病的树进行了比较完整的统计，有 2.3 万多棵，大多集中在公园、绿地、道路旁及校园等区域。之后，仅在 2016 年，在重要树木病害的通报案件中，木层孔褐根腐病就占了总通报案件的 37%。2017 年上半年的统计结果，木层孔褐根腐病的危害更加严重，在通报案件（526 件）中，褐根腐病占了 299 件，占总数的 56.9%，可以说是都市树木极大的威胁。木层孔褐根腐病菌是由柯勒（E.J.H.Corner）于 1932 年首先描述的，他当时正在调查新加坡的树病。一开始，他将这种病菌归类为"有害层孔菌"（Fomes noxius），后来被坎宁安（G.H.Cunningham）于 1965 年重新分类为木层孔褐根腐病菌。

木层孔褐根腐病菌主要分布在亚热带与热带地区的非洲、亚洲、大洋洲、中美洲和加勒比海地区。可以被木层孔褐根腐病菌感染的植物不胜枚举，横跨裸子植物 100 个属，还有包括单子叶植物和双子叶植物的被子植物。交叉感染实验显示，木层孔褐根腐病菌对不同植物的感染程度不一，并不具备宿主专一性。也因此，农业损失要看是否为经济作物而定，有些微不足道，有些却很惨重。目前已知的宿主有红木、柚木、橡胶树、棕榈树、茶树、咖啡、可可豆，以及各种水果、坚果和观赏树木。一旦木层孔褐根腐病菌出现在种植区，就很难根除，因为它是经由根部传染给健康植株的。

寄生隐丛赤壳菌

100 多年前，北美大陆覆盖着上百年的美洲栗树森林。高大挺拔的栗树林，北起缅因州之南，南到佛罗里达州，东起皮埃蒙特，西至俄亥俄山谷，约有 36 400 平方千米。拓荒者称美洲栗树是"树王"，当时有一个俏皮说法——松鼠只在栗树间跳跃，就可以由乔治亚州一路跳到纽约州都不需要落地。

20 世纪初，寄生隐丛赤壳菌随着亚洲栗树被引进美国，结果造成美国 40 亿株栗树的空前浩劫，造成 80% 的栗树死亡。美洲栗树的树叶很茂密，曾经是美国东部硬木森林的树冠优势树种，具有筛选森林底层植被的功能，当雨水穿过栗树的树叶滴到地上时，雨水里含有植物毒性的化学物质，可以抑制互相竞争的其他植物物种。栗树大量死亡后，橡树、红枫与山胡桃树取而代之，以前依赖栗树生存的动植物也跟着消失了，大大减少了森林生物的多样性与数量。

寄生隐丛赤壳菌不仅在美国大开"杀戒"，远在大西洋东岸的欧洲也有着同样的遭遇。虽然寄生隐丛赤壳菌不会对栗树以外的树造成伤害，但它可以躲藏在不同宿主中，使得防疫难度非常高。

人类的迁徙会给自然环境带来压力。100 年前，亚洲移民大量涌入美洲时也带来了外来物种。外来物种与本土物种交流的结果，多半是本土物种面临大灾难，无论是疾病、生存空间的竞争，还是杂交后造成原生种的灭绝等。寄生隐丛赤壳菌让人类付出了惨痛代价，很多国家对于木材或树种的进出口都更加小心了，木材需要经过化学烟熏杀菌后才可以放行，活体则要通过严格的检疫。

寄生隐丛赤壳菌

◆ 原生地（发现地）：
温带地区，例如北美东西岸、欧洲与中国。

◆ 拉丁文名称原意：
Cryphonectria，*crypho-* 或 *crypt-* 都是"隐藏"的意思。*nectria* 则有"死亡"之意。
parasitica 原本为拉丁文 *parasīticus*，后来演变为 parasītikós，意思是"寄生虫"。

◆ 危害或应用：
造成栗树病害。

可可丛枝病菌
Moniliophthora perniciosa

后记

真菌告诉我们的事

　　真菌在我们的生活中，一直扮演着看似微不足道实际却十分关键的角色。当我们尝到酱油，会想到大豆；吃一块巧克力，会想到可可豆；喝一口美味的清酒，会想到稻米……然而，很少有人知道，这一切的幕后推手其实是真菌。相反，当农民咒骂让稻米枯死的稻热病，人们会想到真菌；看到枯萎的玉米田，会想到真菌……却很少有人想到其实是集约农业与环境变迁导致了灾难——真菌只是要活下去而已。当自然界或人类提供了"灾难之门"，真菌就会义不容辞地走进去；当自然界或人类提供了"富饶之门"，真菌也会不吝一己之力提供丰饶之物。真菌教导我们，应当尊重大自然，尊重就会带来爱护与关心。

　　谨将这本书献给为真菌研究不断奉献的研究人员，喜欢真菌的人们，喜欢科学新知的大众，以及喜欢阅读科普读物的读者们。据估计，真菌的种类可能超过100万种，本书的遗珠不胜枚举，最后再和读者分享一些有趣的真菌小知识，聊表心意。

发光类脐菇

有一种会发光的菇，又被称为"杰克的灯笼"（南瓜灯）。这种蘑菇非常美味，但食用后会导致严重痉挛、呕吐和腹泻。不过，因为它的香气与口感出众，竟有人不顾中毒的风险，愿意再尝一次。

嗜辐射真菌

1991年，切尔诺贝利核电站事件发生后，核电站周围出现了3种含黑色素的真菌，分别是球孢枝孢菌（*Cladosporium sphaerospermum*）、皮炎外瓶霉（*Wangiella dermatitidis*）和新型隐球菌（*Cryptococcus neoformans*）。它们的生长不受辐射影响，且能将辐射大量累积在细胞内，通过黑色素将 γ 辐射转化为生长所需的化学物质，但其机制至今不明。

太空真菌

南极洲低温霉菌（*Cryomyces antarcticus*）与谜样低温霉菌（*Cryomyces minteri*）属于黑色真菌或黑色酵母，可以承受各种各样的环境压力。南极洲低温霉菌生长在南极岩石中，可以凭一己之力在岩石内侵蚀出一个足以让它安身立命的空间，躲开极端气候、强烈的紫外线辐射。极地气候和火星环境类似，也许真菌会是人类未来移民火星的希望。2008年，人们把曲霉送上了太空，并于 2009 年 9 月 12 日返回地球。这些真菌先锋被放置在尽可能与火星气候相似的气体浴中，并暴露于模拟的火星紫外线辐射中，还要忍受 –21 ⌣ 42 ℃的温度波动，以及来自宇宙的辐射。

真菌发电

生物发电其实不仅仅是新闻，很多微生物都有发电的能力，真菌也不例外。例如云芝（*Coriolus versicolor*）与解脂耶氏酵母（*Yarrowia lipolytica*）在饥饿的状态下，就能进行生物催化，产生电能。

真菌建材与包材

随着环保意识的觉醒，专业人员已经利用真菌和木屑，做出了环境易降解的包材。他们把真菌（通常为可食用菌）放置在特定形状的太空包内培养，待菌丝长满后，太空包会变硬，就能拿来做包材了。使用后，可以直接将之丢进花园，它会自行分解。

真菌燃料

真菌柴油是一个新名词，是一种具有成为燃料潜力的挥发性有机产品。一些植物内生菌，如炭团菌属（*Hypoxylon*）或多节孢属（*Nodulosporium*）的真菌，其二次代谢物桉叶油醇结合其他环己烷（在石油原油和火山气体中发现的无色易燃液体）与化合物后，就有可能成为新型燃料。

真菌清道夫

真菌会分泌很多种酶，例如木质素分解酶与漆氧化酶等。利用这些酶，也许就能够分解水中的毒素，将之应用于污水处理。木质素分解酶可以分解有机废弃物，漆氧化酶可以分解碳氢化合物等有机毒物，只留下水和二氧化碳，还可以改变有毒物质的化学键，将有毒物质转化为危险性较低的有机化合物，更容易被其他细菌分解。真菌和细菌的共同合作，一定会成为未来的环保巨星。

分解塑料

小孢拟盘多毛孢（*Pestalotiopsis microspora*）有降解聚合物聚氨酯（PUR）的能力，也就是说其能够分解塑料。在有氧及无氧的状况下，小孢拟盘多毛孢都能够将塑料当作唯一的碳源继续生长。也许哪一天，我们真能利用真菌来解决"塑料"这个人类制造出来的大麻烦。

树的互联网

地球上90%的陆地植物都有真菌依附或是与真菌

互利共生。19世纪，德国生物学家艾伯特·伯纳德·弗兰克（Albert Bernard Frank）首先提出"菌根"的概念，用来描述真菌与植物根系的关系。植物为真菌提供碳水化合物形式的养分；作为交换，真菌帮助植物吸收水分，并通过菌丝体为植物提供磷和氮等营养物质。因此，有人说真菌是自然界的互联网。

真菌纤维

很多长在树上的多年生真菌可以用来造纸。如云芝、灵芝属，以及拟层孔菌属。这些坚硬、木质的树生真菌具有良好的纤维，可以做出强韧的纸张，坚固耐用，能够染色，以及让油墨附着，甚至还可以拿来做帽子。

洋菇
Agaricus bisporus

真菌 Q&A

常见于居家环境的真菌有哪些?

真菌几乎可以生长在任何东西上,只要是温暖又潮湿的地方,就很容易滋生真菌。中国台湾地处热带与亚热带之间,四面环海,雨量充足湿气重,是真菌生长的绝佳环境。所以,一般我们的建材与家具都会添加杀菌剂,否则家具与墙壁就会被真菌破坏殆尽,例如潮湿房间的墙壁上常常会出现纸艰枝孢(*Ulocladium chartarum*)。因此,如果从未在家具上发现过真菌踪迹,有可能是因为居家环境很干净,也有可能是家具添加了杀菌剂的缘故,霉菌都被毒死,无法生长——也就是家具有毒的意思。

真菌会让食物腐败,它们长在家具、衣物、皮鞋、皮包、浴室内(硅胶上常见的真菌种类为球孢枝孢菌)及墙壁上,吸入太多真菌会对人体健康有害。居家最常见的真菌应该属青霉菌。青霉菌约有150多种,其产生的抗生素青霉素(或称盘尼西林),是"二战"时用于治疗受伤士兵的重要药物。但是青霉菌也会造成农产品或建材分解腐败，且释放的孢子会引起过敏，危害人体健康。面包，尤其是吐司上的真菌，大多属于枝孢菌属（*Cladosporium* spp.）、曲霉属（*Aspergillus* spp.）、青霉菌属、须霉属（*Phycomyces* spp.）及匍茎根霉菌（*Rhizopus* spp.）。如果买来的吐司不容易发霉，那就是加了防腐剂。

黑霉菌（或匍茎根霉菌）也是居家内外常见的真菌。黑霉菌会引起过敏反应，如果其分生孢子侵入脑神经系统，就会导致一种分生孢子菌症的疾病。这种霉菌也被认为是"大厦综合征"（Sick Building Syndrome）的可能病因，大楼的中央空调让真菌更容易传播。免疫力较弱的孩童，如果长期暴露在含有大量黑霉菌孢子的环境中，就会肺出血，并且出现呼吸系统方面的疾病。如果孢子浓度足够高，还有可能对脑神经造成严重损伤。

曲霉菌和青霉菌一样，会产生大量的分生孢子，这些孢子会随着气流四处飘散，如果掉落在适合生长的有机物上，例如谷物或饲料上，再加上适合的温度和湿度，就会萌芽生长。伴随着它的生长过程，有毒的黄曲霉毒素也会持续产生。另外，腐霉菌（金黄担子菌属，*Aureobasidium* spp.）也常常在家中的墙壁上出现，如果家中墙壁贴了壁纸，就可以看到明显的紫红色霉菌斑点。腐霉菌也能造成食物腐败（面包或米饭等），若不慎食用，会引起食物中毒。

木霉菌是环境中常见的真菌，存在于土壤里，不过其分生孢子会飘散在空气中，若遇上温暖潮湿的气候（通常是多雨的季节），就会出现在木质建材或家具上。其菌落的外观为绿色，它产生的大量纤维分解酵素，会让纸张与木材变质脆化，造成木质家具与建材的使用年限缩短。大量的木霉菌分生孢子，亦会引起某些人的过敏反应。

　　居家常见的其他真菌，有长在葡萄上，造成葡萄灰霉病的灰霉菌，以及让苹果腐烂的果腐病菌，还有长在纸板或木板装潢上的黑葡萄穗霉（*Stachybotrys chartarum*）。

　　真菌除了会引发食物中毒与过敏外，还会造成其他疾病危害。像是"癣"，常发作在皮肤的表面、指甲内、头皮甚至生殖器等部位，主要由皮癣菌（*Epidermophyton floccosum*）、皮屑芽孢菌（*Pityrosporum sporumovale*）或是念珠菌（*Candida* spp.）等真菌引起。因为气候的关系，"癣"在中国台湾是很常见的皮肤疾病之一。另外，根据统计，超过90%的慢性鼻窦炎患者对真菌有过敏反应。真菌的孢子因为体积微小，借由空气传播，四处飘散，很容易通过我们的鼻腔进入呼吸道，并一路到达肺部停留。流行病调查也发现，有大约10%的过敏性气喘患者，其气喘症状来自真菌过敏。

食物发霉还能吃吗？

食物一旦发霉就不能吃了，即使将表面的霉斑除去，霉菌的菌丝早已经深入食物内部；而霉菌所产生的毒素在其生长过程中，也已释放到食物中了，有些毒素就算是加热也难以清除。正确的做法是，只要怀疑食物发霉了，就毫不犹豫地丢弃，因为我们的身体经不起霉菌的毒害。还有，过期的花生即使外观看起来没事，也要丢弃，因为花生中最容易残留黄曲霉毒素。

奶酪发霉还能吃吗？

一般情况下，奶酪发霉后建议丢弃，因为奶酪通常是用乳酸菌做的，不会长棉絮状的毛（菌丝）。如果是白霉奶酪或是蓝纹奶酪，因为是由青霉菌（丝状真菌）所制成，而且在熟成过程中，该菌已经成为优势菌种，理论上来说，再长出来的毛（菌丝）也是原来的青霉菌。

发霉的物品怎么处理？

对人体最无害也最安全的方法，就是用 75% 的酒精擦拭。浴室里的霉，可以用稀释后的漂白水去除。

如何防止霉菌生长?

想要防止霉菌生长,最重要的就是控制温度和湿度。干燥低温(低于 21 ℃)的环境不利于霉菌生长。在多雨季节,可以利用除湿机或空调冷气来降低室内湿度;在高温季节,可以让容易发霉的物品晒晒太阳,利用自然的紫外线与高温来杀菌。虽然也可以用化学方法来杀霉菌,不过这些化学用品既然杀得了霉菌,就代表其对人体的健康同样不利。

我家旁边空地上长了一朵菇,可以吃吗?

三个字:不能吃。野菇不是野菜,大多具有毒性,运气好,只是拉拉肚子;运气不好可能就得进医院。另外,菇类对环境相当敏感,如果其生长的地方水或空气不干净,菇就会累积这些有毒物质。所以就算大马路旁长出了美味的牛肝菌(虽然发生的概率很低),它应该也累积了不少汽车排放的废气与重金属物质,绝对吃不得。

子实体好还是菌丝体好?

坊间常见的菇类健康食品,有"菌丝体"和"子实体"之分,一般消费者可能不太能分辨其差异。菌丝体是菇的"无性世代"或是"营养世代",子实体则是菇的"有性世代"。市场上买得到的菇,例如香菇和洋菇等都是子实体。"有性世代"与"无性世代"两者的代谢途径迥异，所以产生的二次代谢物也不同。有些菇产生子实体需要很长时间，或是没办法以人工方式诱发子实体产生，所以一些厂商就会以菌丝体来代替子实体，例如冬虫夏草或牛樟芝。菌丝体可以利用发酵槽用培养液来大量生产，生产成本较子实体低廉许多，还可通过调整培养液的成分来改变菌丝体的成分。孰好孰坏，见仁见智。笔者认为，如有美味、营养又口感极佳的"子实体"（菇）可以食用，又何必选择包成胶囊的"菌丝体"？

我可以在家种香菇吗？

理论上可以，不过实际操作起来有困难。种香菇不像种花草树木——只要浇水、施肥及晒太阳就能成功。种香菇首先必须有杀菌设备，例如压力锅，还要调配菇需要的生长基质，不同的菇生长所需也不尽相同。操作时，必须在尽量无菌的环境，因为空气中有太多悬浮的孢子，很容易污染生长基质。之后要取得菌种，菌种可以自己分离（对一般人来说，难度太高）或购买。然后就是接种。还需要有凉爽的地方供其生长，走菌与出菇时的照顾更不可马虎。总归就是一句，去买别人（养菇场）准备好的太空包，是最省钱、省时，又方便有效的种菇方法，能轻轻松松地满足你当城市菇农的心愿。

Beckoning the Wind ,
Summoning the Rain.
Stories of Mushroom